河南省研究生教育改革与质量提升工程项目（YJS2021JD17）
Postgraduate Education Reform and Quality Improvement Project of Henan Province（YJS2021JD17）
南阳师范学院—南阳市月季研究院 2021年河南省研究生教育创新培养基地

现代月季生产技术与观赏园艺产品研究

XIANDAI YUEJI SHENGCHAN JISHU YU GUANSHANG YUANYI CHANPIN YANJIU

杜丽 著

中国农业出版社
北 京

图书在版编目（CIP）数据

现代月季生产技术与观赏园艺产品研究 / 杜丽著
. —北京：中国农业出版社，2023.7
ISBN 978-7-109-30880-0

Ⅰ.①现… Ⅱ.①杜… Ⅲ.①月季—观赏园艺 Ⅳ.
①S685.12

中国国家版本馆 CIP 数据核字（2023）第 125175 号

中国农业出版社出版
地址：北京市朝阳区麦子店街 18 号楼
邮编：100125
责任编辑：张　丽
版式设计：杨　婧　　责任校对：吴丽婷
印刷：北京中兴印刷有限公司
版次：2023 年 7 月第 1 版
印次：2023 年 7 月北京第 1 次印刷
发行：新华书店北京发行所
开本：700mm×1000mm　1/16
印张：10.25
字数：195 千字
定价：68.00 元

前言

月季是园林景观中常见的蔷薇属植物，属于中国十大传统名花。其与原种蔷薇杂交频繁，芽变频率较高，特别是现代技术让月季的生产取得了质的飞跃，使月季的形态特征发生了巨大的变化。月季是“花中皇后”，具有多姿多彩、变幻无穷、品种丰富、花期较长、适应性强的特点，是非常有价值且实用性强的园林植物。1949 年至今，在园林绿化方面月季被挖掘出非常大的应用价值，是世界四大切花之一，常用于插花艺术、制作花境、花坛装饰等，还可用于盆景制作，在屋内、庭院内供人观赏。月季对净化空气也有一定效果，可吸收大气中对人体有害的物质，比如硫化氢、苯酚、苯等，具有良好的生态效益。

本书首先从月季的基本理论出发，在深度把握月季的主要品种与环境条件的基础上，进一步分析了现代月季常用的繁殖技术、栽培技术等内容，为后文的阐述奠定了基础。其次，对月季立体绿化园艺产品进行了详细的分析，包括月季综合评价体系、月季优良品种的保存技术、月季立体绿化园艺产品的分类等。最后，对月季的案头产品进行了研究，包括案头月季的综合评价体系、案头蔷薇的特点与分类、案头月季的开发流程等。

本书以理论研究为基础，力求对月季生产技术与观赏园艺产品进行全方位、立体化的综合评价，以期为月季的发展贡献一点微薄之力。本书具有较强的应用价值，可给从事相关工作的人员提供参考。

著 者

2023年1月

目录

第一章 月季生产基本概述

第一节　月季的栽培与发展

蔷薇和月季都是蔷薇科蔷薇属的植物。早期野生蔷薇经过长期的人工栽培和选育，最终变成了反复开花的蔷薇，即月季。因此蔷薇在世界上的栽培史比月季早。蔷薇的叶片化石可以证实它是一种古老的野生植物。早先在北美洲发现的蔷薇叶片化石是渐新世的化石，其年龄经古生物学家鉴定约 4 000 万年以上。植物学家认为这些蔷薇是在约 6 000 万年前从亚洲传播到世界上大部分地区的。近年国内的资料报道，我国在抚顺地区曾发现始新世的蔷薇叶片化石，根据地质年代比较，该化石要比北美发现的化石早约 1 500 万年，从而佐证了植物学家的想法。有报道称，在抚顺地区发现的蔷薇化石标本与现代的玫瑰相似。

一、我国蔷薇和月季的栽培历史

我国蔷薇的栽培历史极早，因为长江流域的气候条件适于蔷薇生长，所以古代的蔷薇栽培大部分集中在长江流域一带。我国魏汉时期的政治中心就在黄河流域，但种植蔷薇的人家不多，这便造成这一时期历史上可查的有关蔷薇的记载很少，因而难以考证。直到晋室南迁，定都建康（今南京）以后（约405），蔷薇才被王室普遍栽培，记载也随之增多。南朝齐（497—502）诗人谢朓有诗《咏蔷薇》描述蔷薇花为红色。南朝梁（502—557）王室都极赞赏蔷薇，据《贾氏说林》记载："武帝与丽娟看花时，蔷薇始开，态若含笑"；又《寰宇记》曾记载："梁元帝（552—554）竹林堂中，多种蔷薇"，并且已有康家四出蔷薇、白马寺黑蔷薇和长沙千叶蔷薇等品种。

由于当时上层社会的赞赏与爱好，蔷薇的栽培得到发展。所以到唐代蔷薇已成为一种广泛栽培的观赏花卉了。唐代李德裕的《平泉山居草木记》记载了洛阳花木，其中有"己未岁得会稽之百叶蔷薇，又得稽山之重台蔷薇"一段，可见当时的重瓣蔷薇确系南方（今浙江绍兴一带）移植北方（今洛阳）的，而且培育水平似乎也以南方为高。

元代刘因《蔷薇》诗："色染女真黄，露凝天水碧"，极为生动地描绘了黄蔷薇的娇艳花朵在晨雾中的美丽姿态。这也是最早见之诗文的黄蔷薇记载。

明代王象晋的《二如亭群芳谱》(1621)记载:“蔷薇有朱蔷薇、荷花蔷薇、刺梅堆、五色蔷薇、黄蔷薇、淡黄蔷薇、鹅黄蔷薇、白蔷薇,又有鹅黑者、肉红者、粉红者、四出者、重瓣厚叠者、长沙千叶者……”,足可证明当时蔷薇已有不少栽培种。

古代月季的栽培,见之记载的则要比蔷薇晚二三百年。这也不奇怪,因为月季正是劳动人民经过不断地精心选育才从蔷薇演变而来。宋代文学家苏东坡、杨万里等都有咏月季的诗,给月季以很高的评价。杨万里在《腊前月季》中写道:“只道花无十日红,此花无日不春风。”短短二句就对月季生长期长的特点作了准确的描述。

虽然月季的药用在李时珍的《本草纲目》中早有记载,但我国最早记载栽培月季的文献当推明代王象晋的《二如亭群芳谱》。书中写道:“月季花一名‘长春花’,一名‘月月红’,一名‘斗雪红’,一名‘胜红’,一名‘瘦客’。灌生,处处有,人家多栽插之。青茎长蔓,叶小于蔷薇,茎与叶都有刺。花有红、白及淡红三色,逐月开放,四时不绝。花千叶厚瓣,亦蔷薇类也。”可见在此书著成前,月季早已普遍栽培,成为“处处有”的观赏花卉了。即使不计在此书著成前我国早已栽种月季这一事实,王象晋创作《二如亭群芳谱》也比欧洲人从中国引进月季(18 世纪)早 160 多年。

王象晋当时记载的月季品种已不少,到明末清初月季的品种就更多了。清代许光照所藏的《月季花谱》序中说:“康熙间扬州石天基旷达士也,著有《传家宝》一书,补景园林,广栽月季……撅后月季之种类,扬州为盛;而嗜之者犹鲜,他处则更无闻矣。”又说:“迩年以来,南皮张制军督漕淮上,颇好此花,扬地之新奇佳种,无不广为罗致……迨至移节金阊,行台庭院,美种如林,而大江以南人士始知月季之种类繁多。”书中收集月季花共 64 种之多。该书所提张制军应是张之洞,19 世纪 70 年代他曾在扬州、苏州做过官。清代评花馆主的《月季花谱》说:“月季花先止数种,未为世贵,……近得变种之法,愈变愈多,愈出愈妙,始于清淮,延及大江南北……而吴下月季之盛,始超越前古矣。”该书记载的月季品种共 109 种,比前书又多 40 多种。根据上述史料记载,可见明末清初扬州月季品种的数量增长迅速,到 1870 年左右苏州月季栽培才兴旺起来。可喜的是人们已经掌握了“变种”之法,使月季品种大大增加。

清代陈淏子所著《花镜》(1688)写道:“月季一名‘斗雪红’,一名‘胜春’,俗名‘月月红’。藤本丛生,枝干多刺而不甚长。四季开红花,有深浅白之异,与蔷薇相类,而香尤过之。须植不见日处,见日则白者一二红矣。分栽、插扦俱可。但多虫莠，须以鱼腹腥水浇。人多以盆植为清玩。”这也简单地说明了栽培繁殖月季的主要原则，并可看出有白色月季遇日光变红的品种，一如现今栽培的某些现代月季品种。

中国的本土月季，由于旧社会一直不加重视，到解放初期仅存数十个品种，在江南一带栽种。其中较有名的有春水绿波、密波、汉宫、桃花坞、水月妆、飞燕新妆、古铜妆、羽士妆、虢国淡妆、国色天香等，花色有白、黄、血牙、粉红、深粉红、紫黑、橙黑以及白色带红晕。总体情况是品种不多、质量不佳。1949 年以后，园林工作受到党和政府的重视，我国许多地方先后建立了栽培月季的专业队伍，先后培育出不少月季新品种。1974 年初，园林工作遭到很大破坏，月季育种栽培工作又停顿了下来，甚至月季品种数目也大大减少。“四人帮”粉碎后广大园艺工作者对园艺工作又有了热情，他们利用中国本土月季名种的遗传特性进行杂交，培育出了新的优良品种。

蔷薇和月季除具有观赏价值外，还有药用价值。明李时珍的《本草纲目》曾提到：“营实、蔷薇根，能入阳明经，除风热湿热，生肌杀虫。”“月季花处处人家多栽插之，气味甘温、无毒。主治活血，消肿，解毒。”在经济价值利用方面，近年杭州园林文物局利用墨红月季鲜花提取了浸膏，这种浸膏可以代替玫瑰香精油，供化妆品生产用，从而有助于我国化妆品产业的发展。

二、国外蔷薇和月季的栽培情况

罗马人很早就栽培蔷薇，绘画、装饰也常以蔷薇作为内容，还有以蔷薇作为香料使用的记载。法国拿破仑一世的约瑟芬皇后酷爱蔷薇，在她的生活环境中总也离不开蔷薇，因而在法国，蔷薇特别受重视，其栽培和育种得到进一步发展。后来英国、法国、荷兰商人来远东经商带回了远东的蔷薇与月季，其中1789 年传去的粉红月月红和大红月月红是中国园艺家通过长时间的努力，从单瓣的月月红中选出的重瓣种。这两种月季的优点是花期比一般的月季花期长很多，缺点是耐寒力不强，香味也较弱。

在不到一百年的时间里，国外的园艺工作者将中国的月季与当地的各种月季品种进行杂交，精心选育，得到了突厥长春月季（又称普特蓝月季，Portaland Rose）、杂种中国月季、波旁月季（Bourbon Rose）、诺瑟特月季（Noisette Rose）、香水月季（Tea Rose）、杂种长春月季等品种。这些月季有的已栽培了很长一段时间，人们通过对这些月季的进一步杂交，选育出了深受现代人所喜爱的现代月季。

现在国外继续对现代月季进行杂交选育，每年都会增添一些新的品种。其中以美国、法国、英国、德国、日本选育的品种比较多，并且这些国家有专门培育月季的公司对月季进行大规模的科学栽培。

三、月季的发展情况

月季是我国、欧洲及西亚等地原产的蔷薇属植物经反复杂交而形成的栽培种，遍布于世界各地，美国、欧洲、东南亚栽培较多，日本、澳大利亚和我国是栽培数量和品种较多的国家。月季属落叶灌木，花生于枝顶，多为重瓣，也有单瓣品种，花体丰硕，花朵繁盛，色彩丰富，花形优美，只要温度适宜，四季均可开花。"曾陪桃李开时雨，仍伴梧桐落后风。""只道花无十日红，此花无处不春风。""花落花开无间断，春去春来不相关。"这些诗句均对月季作了十分形象的描绘。

（一）发展意义

自古以来，人们总是把月季作为美好意愿和幸福爱情的象征，一些经济发达的国家如美国、英国奉月季为国花，我国也有 50 多个城市选月季为市花，月季更是情人节青年男女交往的不可替代的馈赠佳品。荷兰、美国、日本、哥伦比亚等是花卉生产大国，切花月季的栽培面积和鲜切花产量都非常大，而且发展十分迅速，在国民经济中占有不可忽视的地位。

此外，月季中的若干品种还兼具特种经济用途，如用鲜花提炼香精、用鲜果提炼维生素等，用月季做成的月季花酱、月季花茶等都可食用，月季的花、根、枝、叶等均可入药。

我国栽培月季的历史悠久，相传神农时代就有人将野月季挖回家栽植，汉朝时宫廷花园中就已大量栽种，唐朝时更为普遍。18 世纪，我国月季的 4 个品种（斯氏中国朱红、柏氏中国粉、中国黄色茶香月季、中国绯红茶香月季）经由印度传到欧洲，给当地的蔷薇带来了新的变化。英国植物学家麦克因蒂尔在他的著作《月季的故事》中写道，中国是月季的发源地，在近代月季的生命里流着中国月季的一半血液。当时我国月季无论是品种、质量、数量，还是栽培技术都处于世界领先水平。近百年来，由于国外科学技术的发展，其月季发展已遥遥领先于我国。如今，在改革开放的大好形势下，我国经济迅速发展，人民生活水平显著提高，月季科研和生产被重新提到议事日程上来，利用自身优势赶上乃至超过发达国家的时机已经到来。

（二）发展成果

目前，广泛种植于世界各地的月季品种多达 2 万个，居所有观赏花卉之首，在切花领域中，月季的地位和比重也与日俱增，大花月季、丰花月季及微型月季，在园林绿化、家居装饰和宾馆布置中占有重要地位。

月季就其育种规模、品种色系构成、栽培设施及专业化生产程度而言，居四大切花（月季、香石竹、菊花、唐菖蒲）之首。国外月季切花温室商品栽培由来已久，历经百余年而方兴未艾，20 世纪 70 年代后发展更为迅速。目前许多鲜切花生产大国已基本形成栽培设施、栽培技术、优质专用品种等相配套的规范化技术体系，在全自动化温室中，温度、湿度、光照、二氧化碳浓度、通风、施肥、灌溉等完全由计算机自动控制，同时无土栽培面积也越来越大。

（三）发展趋势

花卉生产越来越区域化、规模化、专业化和现代化。随着花卉生产的普及和发展，人们对花卉质量的要求越来越高，市场竞争也越来越激烈。要在低生产成本情况下，得到高质量的盆花和切花，首先必须选择适宜种植的气候条件和土壤条件，也就是在适宜月季种植的地区种植月季，并进行大规模种植，只有这样，才能降低生产成本，取得良好的经济效益。专业化、现代化是提高花卉质量的保证，小而全的结果只能是杂而乱。种苗生产、花卉生产、科研部门各自独立，分工协作，使用电脑全面控制光照、温度、空气的全天候自动化温室生产是发展花卉生产的必然趋势。

月季育种工作发展到今天，外部形态的优良基因组合已日渐稀少，目前对品种特性的要求主要表现在抗病性、抗逆性和杂交优势方面，能适应多种栽培环境的高质量的月季品种是种植者的首选品种。

由于各地区风俗习惯不同，人们对花形花色的消费习惯存在着差异，这种差异还随着时代的变迁而发生着改变。荷兰在 20 世纪 70 年代前后，种植品种以大花型品种为主，占 50%；80 年代，以小花型品种为主，占 70%，大花型品种下降为 26%。美国人偏爱红色大花型品种，红色大花型品种在美国始终占 80%。中国人民也是偏爱红色的民族，认为红色象征热烈、爱情和喜庆，从 20 世纪 80 年代切花刚刚兴起到现在，红色品种仍是月季的龙头，占 50% 以上，近两年，红色品种比例有所下降，粉色品种所占比例有不断上升的趋势。当然，蓝色月季是世界各国人民都梦寐以求的品种，但至今为止仍只有淡紫色和蓝紫色品种，还没有培育出真正的蓝色品种。

第二节　月季的主要品种

一、白色系

（1）肯尼迪（John F. Kennedy）

为杂种茶香月季类生长强健的灌木。直立，高约 80 厘米，叶片狭长，深绿色，革质。花大型，花径达 12 厘米，纯白色，略带淡黄绿色，重瓣，外形甚美。

（2）法国花边（French Lace）

为丰花月季类灌木，半直立，生长强健，叶卵形至半椭圆形。花象牙白色，略泛粉色，花瓣平展，花形盘状，花心高耸，花径 8～10 厘米，约 30 瓣，有淡香。

（3）冰山（Ice Berg）

为丰花丛生月季，在 1958 年由德国的 Kordes 育成。株形优美，分枝性好，花重瓣，球形，花径 7 厘米，花繁多，簇生，纯白色，微香。叶宽阔，浅绿色，有光泽。花期春末至秋季。植株高达 1.2 米，冠幅 0.9 米，喜肥沃、湿润的土壤，忌强碱。可用于生产切花、组建花坛、篱栽。

（4）玛格丽特·梅利尔（Margaret Merril）

为丰花丛生月季，直立生长，花朵重瓣，坛状，花型美，花径 10 厘米，单生或簇生，花瓣白色，略带粉色，甜香浓郁，花期春末至秋末。株高 90 厘米，冠幅 60 厘米，是室内良好的芳香型切花材料，用于容器栽培、花坛、花境或篱栽效果很好。

（5）冰淇淋（Ice Cream）

植株紧密，直立。叶深绿色，花朵重瓣，球状，花径 15 厘米，花白色，具有不明显的柠檬黄色，具甜香，淡雅柔和，花期夏季至秋季，植株高度 80 厘米，冠幅 70 厘米，可用于生产切花、布置花坛。

（6）北极星（Polar Star）

生长旺盛，直立，分枝性好，属大花丛生月季，植株高 1 米，冠幅 70 厘米。多花，重瓣，多角状，花径 12 厘米，花茎粗壮。花乳白色，气味淡雅，清新甜润。花期为夏季至秋季。该品种用于花坛、花境及生产切花效果很好。

（7）映雪（Pascali）

叶片稀疏，光泽适中，深绿色。株形直立，相当开展，高度 75 厘米，冠幅 60 厘米。花朵重瓣，坛状，花径 9 厘米，近纯白色，具不明显的乳红晕。气味极淡，清香甜润。整个夏季与秋季不断开花。用于生产切花效果颇佳，也适合于花坛与花境布置。

（8）肯特（Kent）

地被月季，一般高度 55 厘米，冠幅达 1 米。株形紧密，呈球形。花朵半重瓣，花径 15 厘米，花蕾整齐，具尖，簇生。花乳白色，基部着以柠檬黄色，几乎无香气。叶片繁茂，鲜艳，油绿色，花期夏季至秋季。适合于作地被植物或组建花坛。

（9）铺地白（Swany）

属地被月季，高度 75 厘米，幅度可达 2 米，株形紧密，扩张性差。叶片繁茂，具光泽，深绿色。花重瓣，杯状，花径 5 厘米，花白色，着生于艳丽的小花枝上，无香气。花期夏季至秋季。该种十分耐寒，易于管理，是良好的地被植物，也可悬垂栽种于阳台上。

（10）白色宠物（White Pet）

矮生杂种月季，高度45厘米，丛生。叶微蓝绿色，繁茂，小型。花重瓣，蜂窝状，花径4厘米，成大型、多花的花簇。花繁多，白色，气味甜香柔和。花期夏季至秋季。耐半阴，喜肥沃土壤。适合花境、容器栽培或作为独本月季栽培。

（11）伊冯·拉比尔（Yvone Rabier）

多花月季，高40～70厘米，丛生，茂密，紧凑。叶片小型、纤细，具光泽，亮绿色。花重瓣，球状，花径5厘米，成丰满的花簇，乳白色。气味清新柔和，具甜香。花期为整个夏季与秋季。喜肥沃、富含腐殖质、潮湿，但排水良好之地。常丛植或用于花境前缘。

（12）艾冯河（Avon）

多花月季，株形紧密，匍匐性，高仅30厘米。花朵杯状，花径4厘米，多花簇生，白色，雄蕊金黄色。几乎无香气。该种叶片繁茂，中绿色，具光泽。花期夏季至秋季。常用于容器栽培、窗植箱、花境前缘群植或高台花坛布置。

（13）雪球（Snowball）

微型丛生月季，植株紧凑，高仅20厘米。叶片细小，亮绿色。花朵蜂窝状，花径2.5厘米，具许多狭窄的花瓣，簇状生长。花乳白色，几乎无香气。用于窗植箱等容器栽培，或布置于狭窄场地效果颇佳。喜肥沃土壤与开阔之地。

（14）雪毯（Snow Carpet）

微型地被月季，高15厘米，平卧，匍匐性。花朵蜂窝状，花径3厘米，刚好高于叶丛，着生在小花枝上。花瓣翘角，乳白色。几乎无香气。叶片狭窄、小型，繁茂，具光泽，亮绿色。在仲夏会长出稍呈星形的雅致花朵，能够在向阳河岸、花境前缘或岩石园中展示出颇佳的地面覆盖效果。经漫长的炎夏后，会开放出更多的花朵。喜全日照和排水良好的土壤，极耐寒，可耐－15℃低温。

（15）梨花赛海棠（Felicite Perpetue）

一种攀缘月季，生长旺盛，枝条拱形，高达5米，幅度4米。半常绿，叶片小型，深绿色。花朵莲座状，花径4厘米，构成大型、开展、微垂的花簇。花瓣乳白色，花蕾红色。有香气，气味柔和。该品种几乎无刺，仲夏开放大量甜润芳香、呈莲座状垂悬生长的花朵。如种植在静止的水面旁边，能清楚地看到其倒影，效果特别好。稍做修剪株形颇佳，用于藤本架、拱门、三脚架，倚树栽培效果也很好。可在较为贫瘠的土壤和明亮的荫蔽之地生长，且能栽种于北向或西北向的墙垣旁。可耐－15℃低温。

（16）天鹅湖（Swan Lake）

一种攀缘月季。直立、挺拔、具分枝，高3米，幅度1.8米，叶片繁茂、深绿色。花朵坛状，花径 10 厘米，单生或成小型花簇，花白色，心部覆以极淡的红粉色，气味淡雅甜香。花期夏季至秋季，对气候适应性强，极耐寒，在墙垣、栅栏、格子架或其他支撑物上能够长得如同攀缘植物那样。

(17) 阿尔弗雷德夫人 (Mme Alfred Carriere)

一种相当挺拔的攀缘月季，高达 5.5 米，具平滑、纤细的茎秆，叶片大型，繁茂，淡绿色。花杯状，花径 8 厘米，疏花簇生，奶白色。气味清香、甜润。花期夏季至秋季。十分耐寒，易于管理。用于墙垣、树木、格子架效果颇佳，也能被牵引整形呈树篱状，并可在北墙旁生长。

(18) 雅典娜 (Athena)

杂种茶香月季，叶长，无光泽，植株半直立，长势强健，抗白粉病能力很强。花白色，光照强烈时有红晕，高心卷边，约 35 枚花瓣，花径约 12 厘米。适于做切花，切枝长度可达 60 厘米，年产花量可达 120 支/平方米。

(19) 婚礼白 (Bridal White)

美国著名月季育种家 William A. Warriner 利用婚礼粉品种的芽变培育成的杂种茶香月季。花象牙白色，高心卷边，花形优美，花瓣约 30 枚，花径约 12 厘米，是良好的切花品种。切枝长 40～60 厘米，年产花量约 140 支/平方米。

(20) 派司开利 (Pascali)

杂种茶香月季，奶白色大花，具有透明感，高心卷边，花形优美，花瓣约 30 枚，花径 12 厘米。叶片黑绿，长势强健，抗病力较强，是良好的切花品种。年产花量约 120 支/平方米，切枝长度约 60 厘米，已成为日本的传统白色主栽品种。

二、黄色系

(1) 威士忌 (Whisky)

杂种茶香矮丛月季，花形大、重瓣，琥珀黄色，有香气。新叶和带深红色的嫩枝把花儿衬托得鲜艳无比。高度 90 厘米，冠幅 60 厘米。花期为夏季至秋季（温暖地区在春季开花）。喜肥沃、排水良好、腐殖质多的湿润土壤。

(2) 南埃普顿 (Southampton)

丰花矮丛月季。花簇生，花径 10 厘米，花瓣杏黄色，芳香。叶光滑。植株高度 100 厘米，冠幅 75 厘米。花期长，从春天至秋季可不断开花，可经常摘心以促进开花。喜湿润肥沃的轻质土壤，用有机质覆盖。用于组建花坛或容器栽培效果很好。

(3) 女生 (Schoolgirl)

攀缘藤本月季，高 3 米，幅度 2.5 米。茎硬，直立，有分枝。叶大而稀疏。花大，花径 10 厘米，重瓣，杏黄色，鲜艳美丽，具醇厚甜香。需摘心，生长期间要把茎绑缚在支架上。花期夏季到秋季，温暖地区在春季开花。喜肥沃、腐殖质多、排水良好的湿润土壤。适合于墙垣或格子架。不耐寒，最好种于向阳、背风之地。

（4）爱丽斯公主（Princess Alice）

丰花丛生月季类，植株直立，高度1.1米。花重瓣，花径6厘米，构成大型的具粗壮茎秆的花簇。花色亮黄，有微香。叶片繁茂，绿色有光泽。较耐寒，花期夏季至秋季。抗病性强，用于生产切花、展览、组建花坛等效果很好。

（5）埃丽娜（Elina）

杂种茶香月季类，灌木状，生长旺盛，直立，高度1.1米。花朵球状，径15厘米，柠檬黄色。有微香。花瓣具有美丽的丝质纹理。叶片繁茂，大型，深绿色。花期为整个夏季与秋季。其最大优点是具明亮、典雅的色彩及持久的花期，是很多地点适用与最容易栽培的一种月季。可做切花，或做花坛、花境布置。

（6）阿瑟·贝尔（Arthur Bell）

丰花月季类，生长旺盛，直立，高度75厘米，叶片茂盛，绿色具光泽。花朵杯状，径8厘米，花瓣长。花黄色，单生或簇生，气味浓郁，花期夏季至秋季。对气候适应性强，可适应各种土壤环境，用于生产切花效果很好，也用于组建花坛或容器栽培。

（7）伦多拉（Landora）

杂种茶香月季类。直立，丛生，紧凑，多花。高度90厘米。花朵明黄色，球状，花蕾尖。气味淡雅清新。叶片绿色，具光泽。花期从夏季至秋季。适用于组建花坛和花境。

（8）迈克尔公主（Princess Michael of Kent）

株形匀称，丛生，高度60厘米。花朵球状，径9厘米，单生与簇生。花黄色，具甜香。叶片亮绿色至中绿色，具光泽。花期夏季至秋季。本品种健壮、抗病。用于生产切花、花坛、花境、低矮树篱与容器栽培，效果很好。

（9）荷兰金（Dutch Gold）

杂种茶香月季类。生长旺盛，直立，高度1.1米。花朵球状，花大型，径15厘米。花色为鲜艳的金黄色，不褪色。气味甜香浓郁。叶片大型，深绿色。花期从夏季至秋季。生长健壮、抗病，是生产切花的好品种，也适合于花境栽培。

（10）金婚（Golden Wedding）

丰花月季类，丛生，高度80厘米，幅度60厘米。花朵球状，高心，花径12厘米，簇状生长。花深亮黄色，雄蕊橙色，有微香，叶片繁茂，油绿色，用于生产切花、组建花坛或容器栽种，效果都很好。

（11）足金（Allgold）

丰花月季类，生长势强，紧凑，高度60～70厘米。叶片具光泽，深绿色。花朵球状，花径5～10厘米，构成花束状。花朵金黄色，具甜润微香。花期为整个夏季与秋季。它的优点为颜色纯正不褪，花朵的颜色能够很好地保持到老瓣脱落，用于生产切花效果很好。生长健壮，抗病性强，且植株外观雅致，适合种植在花坛与花境前缘看起来合适的地方。它对重剪反映良好，能够从基部长出大量新枝。

（12）格雷厄姆·托马斯（Graham Thomas）

大花灌木月季类，生长旺盛，丛生，枝条拱形。高度1.2米，幅度1.5米。叶片中绿色，平滑具光泽。花朵高杯状，花径11厘米，深黄色。气味茶香甜润。花期从夏初至秋季。用于生产切花效果很好。也能作为独本月季。疏花可使花期延长。

（13）诺福克（Norfolk）

地被月季，株形紧密，丛生，匀称，高度45厘米，构成多花的花簇，气味微香柔和。叶片繁茂，相当小，深绿色具光泽。花期从夏季至秋季。由于株形矮小，适于作为限生地被植物，用于地价昂贵之处相当好。也能在大型容器中栽种。

（14）游乐园（Casino）

攀缘月季类，生长旺盛，挺拔，高度3米，幅度2.2米。花朵圆球状，花径10厘米，开放时盘状。花单生与簇生，柔和黄色，具淡雅甜香。叶片浅绿色，具光泽。在整个夏季可多次开花。适合于墙壁、栅栏与支柱旁栽种。

（15）金香玉（Maiglod）

攀缘月季类，生长旺盛，枝条拱形，高度2.5米，幅度2.5米。花朵杯状，花径10厘米，簇状生长。鲜艳的青铜黄色。气味浓郁甜香。叶片繁茂，革质，艳绿色，具光泽。花期主要在夏季。该品种可适合于各种环境条件下生长，包括较为贫瘠的土壤和明亮的荫蔽之地。十分健壮，抗病好，是在暴晒之地栽种的最好的品种之一。其优点为花期早、花朵繁、花勤开。用于墙垣与藤本架极为合适。

（16）爱斯梅尔黄金（Aalsmeer Gold）

杂种茶香月季类。花深黄色，光照强烈时有红晕，高心翘角。瓣硬，耐插。花瓣约25枚，花径10～12厘米。叶片黑绿有光泽。枝直挺，少刺。植株直立，长势十分强健。抗病力一般，栽培时要注意防治白粉病。切枝长度40～60厘米，年产花量140支/平方米，是目前日本黄色切花品种中最主要的品种。

（17）徽章（Emblem）

杂种茶香月季类，是一个优秀的切花品种。花黄色，高心卷边，花形优美，花瓣约25枚，花径12～14厘米。叶片黑绿。枝硬挺、直顺，植株直立，长势强健，抗病力强。切枝长度为50～60厘米，年产花量约100支/平方米。

（18）金奖章（Gold Medal）

杂种茶香月季类。花橙黄色，有红晕，易开，花形平坦，花瓣约35枚，花径约10厘米。枝较细长，植株直立，长势强健。切枝长50～60厘米，年产花量120支/平方米。是我国南方栽培最多的黄色月季品种。冬季温室内栽种易封顶。

（19）金徽章（Gloden Emblem）

杂种茶香月季类，金黄色大花，花色纯正、明快，高心翘角，花形优美，花瓣约25枚，花径12～14厘米。叶大，黑绿有光泽。花梗、花枝硬挺、直顺，植株直立，强健，抗病力中等。切枝长度60～70厘米，年产花量100支/平方米，是优秀的黄色品种，也是目前日本黄色主栽品种。

（20）金色幻想（Golden Fantasia）

杂种茶香月季类，是美国20世纪70年代主栽切花品种之一。花黄色，日照强烈时有红晕，高心卷边，花易开放，花瓣20～25枚，花径12～14厘米，叶大，黑绿，半光泽。枝红、硬挺，刺较大，植株直立。长势强健，抗病力强。切枝长度60厘米，年产花量120支/平方米。适于温室切花生产。

三、粉红色系

（1）卷心菜旅馆（Savoy Hotel）

杂种茶香月季，生长旺盛，丛生，多花。高度约90厘米。叶片繁茂，深绿色，光泽适中。花朵坛状，开放时球状，花径10～15厘米，浅粉红色，瓣背颜色较深，气味清香。花期夏季至秋季。用于生产切花或花坛及作为独本月季，效果都很好。

（2）色情王（Sexy Rexy）

丰花月季类，株形紧密，直立，高度60厘米。叶片繁茂，深绿色具光泽。花朵杯状，开放时很扁，并呈山茶状，花径8厘米，刚好高于叶丛，构成丰满的花簇。花色为浅玫瑰粉色，气味淡雅清新。花期为整个夏季与秋季。可用于生产切花，花坛、花境、容器栽培效果很好。整个花期都要定期疏花，并在冬季进行修剪。

（3）塔努塔利（Tanotari）

地被月季类，株形紧密，具拱形茎秆，高度60厘米。叶小而茂，深绿色，具光泽。花朵杯状，花径6厘米，构成多花的花簇，深粉红色花，颜色较艳，气味甜香清新。花期从夏季至秋季。用于盆栽或作为地被植物效果都很好。

（4）阿洛哈（Aloha）

攀缘月季类，生长势强，枝条拱形，高度可达 2.5 米。叶片革质，深绿色。花朵高杯状，花径 9 厘米，玫瑰粉色，瓣背颜色较深。气味香浓、甜润，沁人肺腑。花期夏季至秋季。适合用于支柱、矮墙与大型容器栽种。

（5）贝拉米（Belami）

杂种茶香月季类，是我国露地粉红色切花月季主栽品种之一。植株直立，长势强健，抗病力强。枝硬挺，少刺。花浅粉红色，初放时高心卷边，后易成抱心状，切枝长度 50 厘米，年产花量约 120 支/平方米。

（6）婚礼粉（Bridal Pink）

杂种茶香月季类，植株半扩张，长势强健，抗病力一般，容易发生锈病。枝易弯曲，刺较多。花粉红色，高心卷边，花形优美，花瓣约 30 枚，花径 12 厘米，是传统的优秀粉色切花月季品种，也是美国和日本的主栽品种。切枝长度 40～60 厘米，年产花量 140 支/平方米。

（7）卡琳娜（Carina）

杂种茶香月季类。粉红色大花，高心翘角，花形优美，耐插，花瓣约 40 枚，花径约 14 厘米。叶片革质，枝直立，长势旺，抗病力一般，要注意对霜霉病的防治。夏秋季产花良好，是传统的粉色切花品种，也是日本粉色主栽品种之一。切枝长度 50～60 厘米，年产花量 120 支/平方米。

（8）情人（Darling）

杂种茶香月季类，系索尼亚（Sonia）芽变品种。植株半直立，长势强健，抗病力较强。枝硬挺，叶片黑绿色，有光泽。花淡粉红色，高心卷边，花形优美，花瓣约 30 枚，花径 12～14 厘米。适合于冬季温室切花生产。切枝长度 50～60 厘米，年产花量 100 支/平方米。

（9）外交家（Diplomat）

杂种茶香月季类，是较好的粉色切花月季品种。花粉红色，高心卷边，花形较好，瓣质较硬，花瓣约 30 枚，花径约 12 厘米。枝较细长，植株半直立，抗病力中等。切枝长度 60 厘米，年产花量 120 支/平方米。

（10）火鹤（Flamingo）

又名红鹤、火烈鸟，杂种茶香月季类，花浅粉红色，高心卷边，花形优美，瓣质较硬，耐插，花瓣 20～25 枚，花径约 10 厘米。叶片较小，狭长，无光泽。枝硬挺，稍呈弯曲，刺较多。植株扩张，长势十分强健，但抗白粉病能力较差。适合温室及露地栽植。切枝长度 40 厘米，年产花量 140 支/平方米。

（11）女主角（Leading Lady）

杂种茶香月季类，是较优秀的粉色切花月季品种，花粉红色，高心卷边，花形优美，但瓣质较软，花径 12～14 厘米，花瓣约 35 枚。叶长，无光泽。枝少刺，直挺。植株直立，生长势旺，抗病力较强。切枝长度 50～60 厘米，年产花量 140 支/平方米。

（12）唐娜小组（Prima Donna）

杂种茶香月季类，是优秀的切花月季品种，植株半直立，丛生，十分强健，抗病力强。枝条粗壮，刺较大而多，花梗较为细软。叶大、圆形，中绿色，半光泽。花深桃红色，花形优美，花瓣 25～30 枚，花径约 12 厘米。切枝长 50～60 厘米，年产花量 120 支/平方米。

（13）幽静（Prive）

杂种茶香月季类，系索尼亚的芽变品种，适于冬季切花生产。花为蓝紫色调的深粉红色，高心卷边，花形优美，花瓣约 30 枚，花径 12～14 厘米。切枝长 50～60 厘米，年产花量 120 支/平方米。

（14）索尼亚（Sonia）

杂种茶香月季类，是世界上最主要的传统切花品种，也是现在各国主栽品种。植株半直立，长势强健，尤其冬季温室内表现良好，抗病力较强。叶圆，黑绿色，有光泽。枝硬挺，刺中等。花为美丽的珊瑚粉红色，花色华丽，高心卷边，花形十分优美，花瓣约 30 枚，花径 12～14 厘米。切枝长度 50～60 厘米，年产花量 140 支/平方米。

（15）淡索尼亚（Sweet Sonia）

丰花月季类，适于冬季温室切花生产。花呈淡珊瑚粉色，高心卷边，花形优美，花瓣约 25 枚，花径 8～10 厘米。枝较长，长势强健。切枝长度 40～60 厘米，年产花量 150 支/平方米。

（16）罗曼史（Romance）

杂种茶香月季类，是适于温室栽培的切花品种。花珊瑚粉红色，高心卷边，花形优美，花瓣约 35 枚，花径 12～14 厘米。叶片大，中等绿，半光泽。枝长，植株半直立，长势强健。切枝长度 50～60 厘米，年产花量 80 支/平方米。

四、朱红色系

（1）超级明星（Super Star）

杂种茶香月季类，生长旺盛，不整齐，分枝性好。高度 1.1 米。叶片中绿色，光泽适中。多花，花瓣多角状，花径 12 厘米。花色为朱红色，气味淡雅清新。花期夏季至秋季。适合于组建花坛。但易患霉病。

（2）作曲家（Melody Maker）

丰花月季类，植株直立，丛生，紧密。高度 70 厘米。叶片繁茂，暗绿色，具光泽。花朵球状，花径 9 厘米，构成多花的花簇，紧贴着叶丛生长。朱红色花，气味微香。花期从夏季至秋季。适合盆栽或花坛种植，抗病性一般，易患霉病。

(3) 亚历山大 (Alexander)

杂种茶香月季类，是一种非常容易栽种的月季。生长旺盛，直立，高大，高度 1.5～2 米。叶片繁茂，绿色，具光泽。花多角状，花径达 12 厘米，具长梗，朱红色，气味淡雅甜香。整个夏季与秋季不断开花。花朵外形美观，开放持久，用于切花效果很好。生长强壮，抗病性好，用于花坛、树篱与栅栏效果颇佳。

(4) 最高标志 (Top Marks)

矮生的丰花月季类，丛生，紧凑，高度 40 厘米。叶片小型、繁茂，中绿色，具光泽。花朵莲座状，花径 4 厘米，构成密集、多花的花簇，亮橙朱红色，几乎无香气。花期从夏季至秋季。适合于盆栽或花坛栽培。易患黑斑病。

(5) 热烈欢迎 (Warm Welcome)

一种攀缘月季，高度 2.2 米，直立，枝条拱形，分枝多。花朵杯状，花径 5 厘米，簇生，橙朱红色，基部罩以黄晕。几乎无香气。叶生长繁茂，呈深绿色。夏季至秋季能很好地持续开花。对气候的适应性及疾病的抵抗力强。适合于墙垣、栅栏或支柱旁，特别是狭窄地点栽种。

(6) 大教堂 (Cathedral)

丰花月季类，直立灌木，分枝多，叶绿色、有光泽，抗白粉病。花数朵生于枝顶，朱红色，背面稍淡。

(7) 阿托尔 (Atoll)

杂种茶香月季类，适合于露地切花栽培。植株直立，多枝。叶片黑绿色。鲜朱红色大花，高心卷边，十分引人注目。花瓣约 35 枚，花径 14 厘米。长势强健，抗病力强。切枝长度约 50 厘米，年产花量约 80 支/平方米。

(8) 科巴 (Koba)

杂种茶香月季类，是温室栽培的切花品种。花朱红至大红色，高心卷边，花形优美，花瓣约 40 枚，花径约 12 厘米。叶片黑绿，多枝。植株直立，生长旺盛，抗病力较强。切枝长度 50～70 厘米。年产花量约 100 支/平方米。

(9) 天使 (Angelique)

杂种茶香月季类，是一个较好的朱红色系切花品种。植株直立，枝硬挺，直顺。叶片中绿色。花朱红色，高心卷边，花形优美，瓣质较硬，花瓣约 40 枚，花径 12～14 厘米。长势强健，抗病力较强。切枝长度 50～60 厘米。年产花量 100 支/平方米。

（10）帕萨迪娜（Pasadena）

杂种茶香月季类，是较好的冬季温室切花月季品种。植株直立，丛生，长势强健。叶大，枝直挺，少刺。花红色，开放后高心，花形稍差。花瓣约35枚，花径10厘米。抗病能力一般，要注意防治白粉病。切枝长度约50厘米，年产花量140支/平方米。

（11）玛丽娜（Marina）

丰花月季类，是一个十分优秀的冬季温室切花月季栽培品种，也是日本朱红色主栽品种。植株直立，长势旺盛，抗病力强。叶片黑绿，有光泽。枝直挺，刺中等，有细刺。花朱红色，根部黄色，高心卷边，花形较好，但开放较快。花瓣约30枚，花径8～10厘米。冬季出花率高。切枝长度50厘米，年产花量可达160支/平方米以上。

（12）红胜利（Madelon）

杂种茶香月季类，花朱红色，高心卷边，花形优美，花瓣约20枚，花径约12厘米。叶片黑绿，有光泽。枝硬挺，少刺。植株半直立，长势强健，抗病力一般，要注意对白粉病的防治。切枝长度约60厘米，年产花量130支/平方米，是荷兰大型花中最主要品种。

五、红色系

（1）威廉女王（Royal William）

杂种茶香月季类，植株直立，生长旺盛。大型叶，深绿色，光泽适中。花朵多角状，径12厘米，具长梗，深绯红色。气味甜香。花期夏季至秋季。用于生产切花极好。但花朵品质会因季节而变化。也可用于组建花坛、花境或作为独本月季栽培。

（2）喜讯（Glad Tidings）

丰花月季类，植株直立，紧凑，丛生。叶片亮绿色。花朵杯状，花瓣绒质，构成整齐、匀称的花簇。艳深绯红色。气味微香。整个夏季可不断开花。生长强健，但易受黑斑病危害。适合于花境与篱栽。

（3）绝密（Deep Secret）

杂种茶香月季类，直立，高度约90厘米。叶片繁茂，绿色具光泽。花朵呈均匀的绯红色，气味醇厚甜香，花期从夏季至秋季。用于生产切花、花坛或花境效果很好。

（4）谢丽·安妮（Sheri Anne）

微型丛生季，高度仅30厘米，直立，紧凑。叶片小型，繁茂，革质，明绿色，具光泽。花朵莲座状，花径2.5厘米，构成平展多花的花簇。花色浅红，几乎无香气。花期从夏季至秋季。这种月季生长健壮，耐寒，花朵耐开，花期长久。最后当色彩明亮的花朵盛开时，会露出成撮的金黄色雄蕊。用于生产切花或盆栽都很好。也可作地被月季利用。

（5）铺地红（Chiltems）

地被月季，生长旺盛，高度 7.5 厘米，幅度达 2.2 米，扩张。花朵杯状，花径 2.5～5 厘米，构成多花的花簇。深绯红色花，雄蕊黄色。几乎无香气。叶片小型，深绿色、具光泽。花期夏季至暮秋。为向阳河岸、花境之前缘或隔离带的优良地被植物。

（6）朱美（Akime）

丰花月季，作切花栽培。中型深红色花，高心卷边，瓣质硬，十分耐插。枝稍细，但硬挺，直顺、少刺。植株直立，长势强健，抗病力强。切枝长度约 50 厘米，年产花量约 150 支/平方米。

（7）卡尔红（Carl Red）

杂种茶香月季，是一个优秀的切花月季品种。植株半直立，叶中绿色，枝硬挺，刺较少，生长强健，抗病力强。花大，红至深红色，高心翘角，花形优美，耐插。瓣质硬，花瓣约 40 枚，花径 12 厘米。切枝长度 50～60 厘米，年产花量为 130～150 支/平方米，是目前日本主要的栽培品种之一，种植面积占全部切花月季的 15%以上。

（8）王威（Royalty）

杂种茶香月季，是优秀的温室切花品种。植株半直立，长势十分强健，抗病力较强。叶片黑绿，枝硬挺。花鲜红至黑红色，高心卷边状，花形十分优美，花瓣约 25 枚，花径 13～15 厘米，花耐插，是美国当前流行的红色切花月季品种，年产花量约 100 支/平方米。

（9）萨曼莎（Samantha）

杂种茶香月季，植株半直立，叶片黑绿，半光泽。枝有中等刺。花梗长，接近花蕾处小叶发育不全，常呈单枚或 3 枚状。花深红色，带有绒光，高心卷边，花形十分优美，耐插，花瓣约 35 枚，花径约 14 厘米。可用于温室冬季生产，但更适于夏季切花生产。长势强健，抗病力一般，要注意对白粉病的防治。该品种是我国红色主栽品种，也是美国、日本的传统主力品种。

（10）罗得玫瑰（Rote Roses）

杂种茶香月季，耐寒性强，冬季生长良好，是优秀的冬季温室品种。大型花，红至深红色，高心卷边，花形优美。枝硬挺，但不够直顺，节有弯，少刺。长势强健，抗病力强。切枝长度约 60 厘米，年产花量 120 支/平方米。该品种在日本的栽种量已跃居红色品种的第二位。

（11）红成功（Red Success）

杂种茶香月季类。植株半直立，叶片黑绿，枝长、直挺，刺较多。花大红色，高心但不属于卷边型，开放后花瓣平坦，心瓣增长不多，呈满心状。花瓣约45枚，花径10～12厘米。长势十分强健，抗病力一般，要注意防治白粉病。适于夏季及秋季生产切花，切枝长60～80厘米，年产花量约80支/平方米。是目前我国广东一带切花月季生产的主力品种。

（12）大杰作（Grand Masterpiece）

杂种茶香月季，是一个适宜露地切花生产的品种。花大红色，高心卷边，花形优美，花径12～14厘米。枝长，植株直立、高大。切枝长约60厘米，年产花量120支/平方米。

（13）红帽子（Rodhatte）

丰花月季类，高达50厘米，叶色深绿，花红如樱桃，十分艳丽。花朵丰盛，连续开花。花中等大小，成束开放，花梗较长。该品种是世界闻名的老品种，耐寒。常用于花坛装饰。

六、其他色系

（1）蓝片（Blue Chip）

丰花月季类，系温室切花品种。植株直立，多枝，强健。叶片中等绿，半光泽。枝近于无刺。花蓝紫色，花瓣约20枚，花径8～10厘米，浓香。切枝长度40～50厘米，年产花量150支/平方米。

（2）绿萼（Vindiflora）

丛生，开展，直立，高度75～90厘米。叶片深绿色，小型，具光泽。花径2.5厘米，开放持久，花瓣为具齿的绿色萼片所替代，随着开放变为微紫色。无香气，花期夏至秋季。该品种令人新奇的花朵可用于切花。最好种植在肥沃的土地上，保持日光充足。

（3）大紫袍（Big Purple）

杂种茶香月季，直立，多分枝，高度90厘米。叶片繁茂，绿色，具光泽。花大型，高心，花径10～15厘米，亮紫色，香气浓郁。花期夏季至秋季。生长势强，抗病。适于花坛种植或做切花。

（4）兰花楹（Jacaranda）

杂种茶香月季，是温室生产的切花品种。植株半直立，枝长而硬挺，叶片黑绿。花深粉红稍带紫色，高心卷边，花形优美，花瓣约35枚，花径12～14厘米。长势强健，抗病力较强。切枝长度50～60厘米，年产花量约100支/平方米，是荷兰目前主栽品种之一。

（5）爱（Love）

杂种茶香月季，花红色白背，镶宽红边，花瓣45枚左右，翘角，花形优美，刺多，抗性强，适宜春秋两季露地或大棚切花栽培。花枝长度40厘米左右。

（6）肯地亚（Candia）

杂种茶香月季，花奶白色，镶宽红边，高心翘角，花形杯状，花瓣35枚。树形扩张，枝条萌发力强，抗病力一般。较耐寒，是冬季型切花品种，花枝长40～50厘米。

第三节　月季对环境条件的要求

一、月季对温度的要求

月季性喜温暖，大多数月季品种的生长适温为白天15～26℃，夜间12～16℃，最适宜的白天温度是20～25℃，夜间温度为14～16℃。因此，春、秋两季生长发育最好，不仅花朵大，花瓣多，而且花色鲜艳，花香浓郁。在25℃以上时月季的生长与开花速度加快，但开花不耐久。30℃以上则生长和开花不良，花朵小且花瓣减少，颜色变浅，香味变淡。当温度持续在30℃以上时，会出现落叶及休眠。若高温伴随潮湿的气候，则容易发生多种病虫害。当温度低于5℃时，生长停止，进入休眠。月季枝干的耐寒性强，大部分品种能耐受－15℃左右的低温，但根部抗寒性弱，当温度－5℃以下时，易受冻害。土温对月季的根系发育有影响，一般应维持在18℃左右为好。

二、月季对光照的要求

月季为阳性植物，喜日照充足，每天日照6小时以上才生长良好。若光照不足，则叶片嫩黄，枝干细弱，除盛夏炎热时需适当遮阴外，在其他季节切忌将月季栽培在阴山、高墙或树荫之下。良好的日照对提高月季切花的品质和延长瓶插寿命都有好处，长时间日照不足，会造成“盲枝”增加，从而影响切花产量。

三、月季对水分的要求

月季腋芽萌动前，需水量较少，特别在冬季休眠时，因植株落叶停止生长，植株体内保持了充足的水分，此时要适当控制土壤水分，一般不需补充水分，只有移栽时，才需要充分浇水。

在旺盛生长发育期，月季需要充足的水分。水分适当，植株生长旺盛，花大色艳，叶有光泽。但忌土壤积水，因湿度过大，易引起根系霉烂，叶片发黄脱落，感染病害，严重时引起植株死亡。若水分不足，土壤过干，则花枝节间缩短，花朵变小，甚至落叶，不开花，进入半休眠或休眠状态。

月季对水温和水质也有一定要求，水温与土温最好不要差5℃，否则容易损伤根系。

四、月季对土壤的要求

月季是浅根性植物，它的根系集中分布在地表下 30 厘米的土层中。所以，选择栽种月季的地方，至少在原土以上有 30 厘米厚的栽培土。种植月季的土壤，以疏松、肥沃、含有机质丰富、微酸性的土壤为好。月季对土壤酸碱度的要求不严格，pH 可以是 5.5～8，但对大多数品种而言，生长最好的土壤 pH 为 6～6.5。对偏碱性的土壤，应多施厩肥、堆肥和人、畜粪尿等有机肥料来改造，对偏酸性土壤可用草木灰、石灰等中和。

五、月季对营养的要求

月季性喜肥，因其有连续不断的生长和多次开花的习性，需要不断补充养分，才能使其生长健壮，花大色艳。

肥料对月季产花量和切花质量是至关重要的因素，肥料的影响有两方面，一是施肥量的影响；二是肥料中各营养元素的影响。有机肥提供的肥力是温和、持久、多样、易被植株吸收，且不致产生危害，在有机质含量高的土壤里栽种的月季花色泽特别艳丽，花瓣也肥厚美观。除有机肥外，也要增施一些化肥，以补充一些矿质元素，尤其是钾元素。实验证明，适当提高钾的供应量，可提高月季的产花量和品质。

月季在苗期对氮肥需求多一些，产花期对磷肥需求多一些，但总体上，氮、磷、钾比例是 1∶1∶2 或 1∶1∶3，钾肥的比例总要高于氮肥 2～3 倍。在生产中要根据实际情况，进行合理施肥，以提高产量和品质，同时节约成本。

第二章

现代月季常用的繁殖技术

第一节 月季的播种繁殖

月季的繁殖方法多种多样，有播种、嫁接、扦插、分株、压条、组织培养等，其中最常用又便捷的是扦插法和嫁接法。

一般在两种情况下，用播种法繁殖月季。一种是为了培育新品种，将人工杂交的种子，用播种法得到新植株，从中选出优良的后代。另一种是用播种法繁殖嫁接用的砧木。下面介绍大规模播种繁殖砧木的情况。

（一）砧木种类选择

过去常采用中国产的野蔷薇或欧洲产的狗蔷薇作砧木。而现在一般选用无刺多花蔷薇，其抗病力和耐寒力都较野生多花蔷薇要好，且由于其无刺，芽接操作时速度快，根系也相当旺盛。

（二）砧木的培育

（1）采种与贮藏

在11月下旬至12月上旬采收无刺多花蔷薇的红熟果实，在湿润的黄沙中层积保存进行后熟，以防止果实过分干燥或腐烂。

（2）脱粒和消毒

在播种前，用手工压碎果实或用轻碾子压过后脱粒，取出种子，并用高锰酸钾溶液浸种消毒。

（3）播种

在2月下旬至3月上旬，播种地经过精耕细作，整理成约1米宽的播种床，把表土整成鲫鱼背状，将种子均匀撒布于土表，并轻轻拍实，使种子嵌入土中，然后盖一层0.5厘米的黄沙，再盖1～2厘米砻糠。盖好后浇透水，并用薄膜小拱棚覆盖保温。

（4）管理

播种后要注意管理，当土壤干燥时进行喷水，当温度过高时要揭去薄膜通风，并及时除去杂草和防治蚜虫及病害。当小苗长到5片真叶以上时，可以拆去小拱棚。

(5) 移栽

在4月上中旬，当小苗长到20厘米左右高度时，可以开始移栽。移栽前，先将苗床浇透水，使小苗吸足水，土壤松软，拔苗时不致断根。要选择垂直粗壮、根系旺盛、根茎长度在2.5厘米以上的优质苗，淘汰一切不合格的小苗。将待种的小苗在1 000倍高锰酸钾水溶液中浸泡15分钟，进行消毒处理。种植行距20厘米，株距10厘米，种植深度以小苗原来在土中的深度为准，移苗后要浇透水。

第二节 月季的扦插繁殖

扦插繁殖是最常用的月季繁殖方法之一。常用于两种情况，一是繁殖一些生根容易的月季品种；二是繁殖嫁接需用大量砧木。扦插苗的优点是寿命长，基部长出的芽可以培育成健壮的主干，随着树龄增加脚芽不断长粗，产量会逐年提高。

一、扦插时间

如果在温室内扦插，由于室内光照、温度、湿度等条件可以人为控制，月季的扦插可以全年随时进行。而大规模生产往往采用露地扦插，因为成本低，地面积使用的限制较少，操作方便，但受到自然条件的制约，一般在5—6月和9—11月扦插成活率较高。

• 春季扦插　上年秋季采下的完全木质化枝条，经过冬季沙藏，可大部分长出愈合组织，待春季地温升高后即可扦插于露地。

• 夏季扦插　在6月前后，采下半木质化枝条扦插，成活率高，生根较多。

• 秋季扦插　晚秋枝条成熟，在落叶前后剪下插条，立即插于露地或温室，此时地温尚高，越冬稍加防寒，翌春即可分栽。

• 冬季扦插　落叶后采下枝条，在向阳背风处做畦，插好枝条后充足灌水，加盖薄膜，不能透风。夜间遇0℃以下低温时，要覆盖草帘，白天日光充足温度上升，要揭开草帘，翌春新芽萌动后，逐渐打开薄膜，然后分栽下地或上盆。

二、插条的剪取

夏季扦插采用半木质化的嫩枝插条，其他季节扦插时选用1～2年生成熟硬枝条。插条长度以10～13厘米为宜，上面至少要有两个芽。实践中很多品种用3个芽的插条比较好。如在生长季节内扦插，枝条顶端可能开花或有花芽，应一律剪掉。剪插条时，下剪口应在节下2～3毫米处，与节平行，注意要剪平整、光滑，因为这里是生根的地方。上剪口应距上面一个侧芽10毫米左右，剪成45°斜面以免雨水浸入髓部或日晒引起枯干，也可在上剪口涂上蜡质、橡胶质的防水剂，以防雨水并防蒸发。扦插的嫩枝应剪去过多叶片，只保留上部两片复叶，每片复叶保留基部两片小叶即可，以防止蒸腾过盛。

三、插条的处理

其一，化学处理法。将插条基部浸入0.3%的吲哚丁酸溶液3～5分钟，或用1 000毫克/升萘乙酸瞬间浸蘸，或在基部蘸上少许生根粉，可加快生根速度，并使根系旺盛。

其二，损伤处理法。对不易生根的品种，可在剪取插条前，先将准备作插条的枝条下端进行环状剥皮，使韧皮部贮存部分养分，待长出愈伤组织后再剪下扦插，这样处理能明显提高成活率。

其三，白化处理法。将准备作下剪口的地方，用黑色薄膜或胶布进行遮光，使其变白后再剪下扦插，也有利于提高成活率。

其四，电诱导法。其原理是以插穗两端为两极构造电流通路，用一定的电压进行刺激，促进愈伤组织形成和根的萌发。具体做法是：制作一个直流电激动装置，其电压和电流的调节范围分别为1～100伏和1～100微安。调节的方式既可分级调动也可平滑调动。每日通电时间不少于3小时，通电的电压为15伏，电流为60微安。这一方法可缩短约2/5的生根时间，使成活率提高15%左右。

四、扦插的基质

扦插基质要求排水良好、持水能力强、疏松多孔隙、无病虫害、酸碱度中性等。常用的基质有：河沙∶泥炭＝1∶1，适用于室外露地扦插；河沙∶泥炭∶蛭石∶珍珠岩＝1∶1∶1∶1，室内外扦插均可用；河沙∶蛭石＝1∶1或泥炭∶珍珠岩＝1∶1，均适用于室内扦插。

五、基质消毒

用于扦插的基质，要进行消毒，以便杀死菌类孢子、虫卵、杂草种子等。现将常用消毒方法介绍如下。

（1）高温处理

①日光消毒。将配制好的基质放在清洁的混凝土地面、木板或铁皮上，薄薄平摊，暴晒3～15天，可以杀死大量病菌孢子、虫卵、菌丝、成虫和线虫。

②蒸汽消毒。是比较安全可靠的方法，只要保持72℃的温度半小时以上，大部分致病的生物体、土壤害虫、杂草种子都会死亡。但加热时间不易太长，否则会杀死能够分解肥料的有益微生物，从而影响花卉的正常生长发育。消毒

时，将扦插基质放在大木框中，木框底部有纱网隔着以便通蒸气，4～5个木框叠在一起，下面用大锅烧水，沸水的蒸气（100℃）逐渐上升，最上面一层表面盖一块防水帆布，用温度计测试木框的四角是否上升到72℃，然后维持30分钟即可抬出冷却。还可采用自制消毒柜的方法消毒，即先将一个大汽油桶或带盖容器改装成蒸汽消毒柜，从柜壁上通入带孔的管子，并与蒸汽炉接通，把扦插基质放入柜内，打开进气管阀门，让蒸气进入基质的间隙，不要封盖太严，以防爆炸。30分钟后停止通蒸气，取出基质冷却。

③水煮消毒。把基质倒入锅内水中，加热到80℃以上，煮30～60分钟，煮后滤去水分晾干到适中温度即可使用。

④火烧消毒。如果扦插基质数量较少，可放入铁锅加火烧灼，待土粒变干后再烧0.5～2小时，可将基质中的病虫全部消灭干净。

（2）化学处理

①甲醛（福尔马林）。基质放入扦插床后，扦插前10～12天按每平方米50毫升甲醛和6～12升水配制药液，用细眼喷壶或喷雾器喷洒药液在基质上，用塑料薄膜覆盖，密不透风，待扦插前1周揭开塑料薄膜，使药液挥发。或每立方米培养土中均匀撒上40%的福尔马林400～500毫升，稀释50倍液，然后把土堆积，上盖塑料薄膜，密闭24～48小时后去掉覆盖物，把土摊开，待气体完全挥发后便可使用。也可将0.5%福尔马林喷洒床土，拌匀后堆置，用薄膜密封5～7天，揭去薄膜待药味挥发后使用。

②硫黄粉。在扦插床中，按每平方米25～30克的剂量撒入硫黄粉并耙地进行消毒，或每立方米基质施入80～90克硫磺粉并混匀。用硫黄粉消毒，既可杀死病菌，又能中和基质中的盐碱，使其呈酸性反应。因此，多在偏碱性土壤中使用。

③石灰粉。按每平方米30～40克的剂量撒入石灰粉。或每立方米基质中施入90～120克石灰粉并充分拌匀。

④多菌灵。每立方米基质施50%多菌灵粉剂40克，拌匀后用塑料薄膜覆盖2～3天，揭去薄膜后待药味挥发掉使用。

⑤代森锌。每立方米基质施65%代森锌粉剂40克，拌匀后用塑料薄膜覆盖2～3天，揭去薄膜待药味挥发掉使用。

⑥硫酸亚铁（黑矾）。将硫酸亚铁配成2%～3%的溶液，每平方米用9升进行消毒。

六、扦插温度

扦插时要有适宜的空气温度、基质温度和插床地温，这关系到扦插成功与否。如果用硬枝扦插，一般要求气温在15℃以上，如果开春气温还低时就扦插，虽然也能成活，但生根所需时间长达 60～80 天。5 月扦插需 2～3 周开始生根，6 月需 9～11 天即开始生根。在用嫩枝扦插时，需要较高的温度，最好为 20～25℃，但不宜超过 30℃，否则生根成活率降低。

七、扦插方式

扦插时，先用一根同插条差不多粗细的小木棍插穴，再放入插条，按紧土壤。大规模扦插时，可先成行开沟，把插条放入沟中，斜靠在沟的一边，然后从另一边埋土按紧，形成斜插的效果（插条呈 45°角左右）。扦插时应当注意保护基部切口的皮层和组织，防止摩擦受损，从而影响生根和成活率。

八、扦插距离

插条的行距、株距对生根有一定的影响。在不同情况下，扦插距离应有所不同，有时用较大的距离疏插，有时则应采用较小距离密插，以节省扦插土地面积。

①需采用较大距离的情况。如果品种生根容易，生长快，可选择较大距离（5 厘米以上），使生根后的植株不至于太拥挤。

在扦插嫩枝时，因嫩枝带有叶片，为使叶片不互相重叠，常采用较大距离。

夏季高温扦插，发根后生长快，采用较大距离可使植株生长良好。

南方梅雨季节扦插，采用较大距离可增加通气性，避免过分拥挤、潮湿而霉烂。

在温室内扦插时，由于环境条件优越，插条成活率高，适当加大距离，可避免生根后植株生长拥挤。

露地扦插时，如果计划蹲苗时间长，应采用较大距离，为生根成活的植株留下生长空间。

②需采用较小距离的情况。如果是生根慢的品种，应适当密插。硬枝扦插时，由于不带叶片，因此可适当密插。扦插季节温度较低时，生根慢，也可以密插。如果计划生根后尽快移出插床，可密插。

九、插后管理

扦插繁殖的成活率，不仅取决于扦插前插穗和插壤的处理是否科学，扦插时期和扦插方法是否合理，而且在很大程度上依赖于插后的科学管理。扦插后到生根移植往往需要一段时间，最快也要 10～15 天才开始生根，也可能 50～80 天才能出圃。其中有些因素可能使生根较快，如嫩枝扦插、高温下扦插、光照强、湿度大、土温高于气温等。露地扦插，环境条件控制困难。作为大规模商业性生产，应当尽量创造良好条件，促使插穗生根快，成活率提高，以便早日上市。

（1）水分管理

水分是插穗生根的重要条件之一，保持插穗水分平衡是最重要的环节。要通过遮阴、套袋、喷雾等，减少插穗水分蒸腾；通过浇水、灌水、地膜覆盖等，保持扦插基质不干不涝，使插穗地下部分吸足水分，利于插穗生根。

（2）温度调控

月季最适生根的温度是20～25℃，早春扦插时地温较低，一般开始时达不到适温要求，往往需要加温催根；夏季和秋季扦插，地温较高，气温更高，需采取遮阴、喷雾、通风等措施降温；冬季扦插时气温和地温都很低，需在保护地内进行。

（3）施肥管理

插穗生根前主要消耗内部贮藏的营养，并不需要扦插基质的肥料。生根后，必须依靠新根从基质中吸收矿质元素和水分，供给地上部参与光合作用，才能不断得到有机营养的补充，促进插穗进一步生根和新梢生长。所以扦插后当插穗已生根、抽梢进入生长期，就必须进行追肥。嫩枝扦插因带有叶片，扦插后每间隔5～7天可用0.1%～0.3%浓度的氮、磷、钾复合肥喷洒叶面；用休眠枝扦插的，当其新梢展叶后，也可采用上述方法进行叶面喷肥，促进生根和生长。

十、全光照喷雾扦插

作为大规模商业性生产，应当尽量创造良好条件，促使插穗快速生根，提高成活率，以便早日上市。采用全光照喷雾扦插方法，可使小苗根系发达，缩短扦插管理时间，提高成活率，适合中、大批量的扦插生产。目前国内已能生产全光照喷雾自动控制仪，它由继电器、电磁阀和干湿度感应板（又称电子叶）三部分组成。其工作原理是当电子叶较干时，电子叶控制继电器接通电磁阀，使水喷出而产生细雾，增加空气和叶面湿度；当湿度足够时，电子叶反映给继电器，使电路切断，停止喷雾（图2-1）。如此循环反复，使扦插环境始终保持一定的湿度，并可降低温度，使扦插能在全光照下进行。5—10月由于温度较高，日照条件好，这种全光照喷雾扦插方法通常使插穗10天左右生根，1个月左右即可移苗定植。如果最低气温低于8℃，则需加温、保温。喷头以喷出极细雾（称为超微细雾）为好，水压达到3千克，每个喷头喷出的雾覆盖面积为1平方米，可以根据苗床大小设置喷头的数量和位置。喷雾用的水质要求干净，不含杂质如镁盐、钙盐，不含藻类、大量微生物，以免引起喷头堵塞，或因水质差而污染叶面及插壤，引起病虫害。

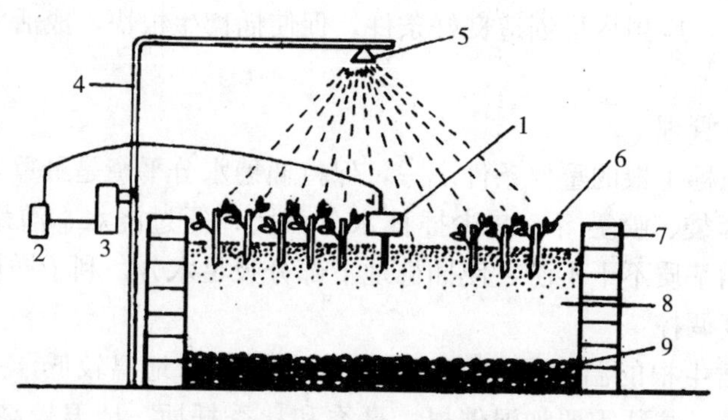

图 2－1　全光照喷雾扦插示意

1. 电子叶　2. 继电器　3. 电磁阀　4. 水管　5. 喷头　6. 插条
7. 砖墙　8. 基质层　9. 砾石排水层

十一、株形调整与移栽

在扦插后到成苗前这段时间，除了温度、湿度、光照的一般管理外，还必须做好以下工作。

（1）摘心

月季扦插苗地下部生根后，地上部就不断生长。在生长初期要进行摘心，即将新生枝端剪短，这是决定全株株型的关键。新生枝来自顶端下面的第一个侧芽，这符合植物顶端优势的生长特性，如第一个芽的生长点受到伤害性抑制，第二个侧芽因此而萌动。利用这一规律，当新芽抽生长度达到 15～20 厘米时，将枝顶进行 1 次扭伤而不剪断，这会促进下面的侧芽抽生。侧芽生出的新枝长到 15～20 厘米时再摘心 1 次，会使植株形成分枝均匀、树形圆整的基本骨架。但月季的用途不同，对整株的形状要求也不同，若供切花用，有 4～5 个主枝即可，如供园林布置，要求株形矮而花多。整枝修剪要按以后的用途逐渐决定枝条的去留。

（2）移栽

当扦插苗根系长到一定程度而长势渐趋缓慢时，应移出插床。移栽用的土壤要透气、排水良好、无病虫害、初期的营养成分要低。刚移栽的小苗，要充分灌水、喷水，避免阳光直晒。

第三节　月季的嫁接繁殖

嫁接是品种月季最常用的繁殖方法之一。其优点是发育快，如果管理适当，当年就能育成大苗，对切花品种而言，当年就能收获切花。

嫁接法又可分为芽接和枝接。

一、嫁接时间

嫁接在全年不同时间进行。芽接是用当年已近成熟的非休眠芽，因此在生长季节后期，也就是晚夏到初秋比较合适；枝接要用已成熟的休眠芽，所以要等到更晚一些时候，甚至在越冬以后的春季进行。我国南北方气候差异大，生长季节拖得很长，所以各地的嫁接时间也有迟早。

长江以南地区，可以在 6 月出现腋芽（但并不饱满）后即动手芽接，所接的枝条经过愈合萌发，在冬季来临时已经过几个月的生长。因此，到冬季低温时不会冻伤。

北方大部分地区，常在白露（9 月上旬）进行芽接，在霜降（10 月下旬）进行起苗，有一个半月时间处在逐步降温时期，这时已经接活的芽不会萌发，以休眠态度过严寒，翌春天气转暖时萌发。

芽接的时间，还受所选砧木枝条年龄的影响。一般选用当年生枝条芽接，因为在当年生枝条上比在老枝上芽接成活率高，但要等新枝成熟才能嫁接，为此，常在 8—10 月进行。如果提前到 6 月芽接，只能在去年生的老枝上进行，接活后当年萌发的新枝也能开花，但成活率低一些。

枝接时用休眠的枝条作接穗，应当在冬、春季节进行。在冬闲时，11 月落叶后即可在室内掘接，接好后假植，到翌春下地种植。春接要在枝芽萌发前进行，由于全国各地化冻时间不一，南方可在 1—2 月开始枝接，北方可在 3—4 月进行。

如果是大规模生产的温室切花，全年均可芽接。一种是用非休眠芽，早春嫁接后，将砧木扭伤但不剪掉，使养分大量供给新接的芽，愈合很快。当新枝抽生，生长正常后，将砧木上的枝叶全部剪掉。另一种用休眠芽，在生长季稍晚些时候进行。砧木原样保留，侧面嵌入休眠芽，当大部分切花采收后，将砧木的上部剪掉，休眠芽开始萌动，但成活率不如非休眠芽高，而且占据了温室的空间和时间，增加了管理费用。

二、砧木的选择

蔷薇属中很多亲缘关系相近的植物都能作为月季的砧木，与月季组合成嫁接植株。由于各地气候条件不同，土壤性质以及植物资源分布也不同，因而选择砧木也要因地制宜。在我国北方多选用粉团蔷薇作砧木，在南方广州、珠江一带多采用野生蔷薇七姐妹和野玫瑰四季青等，在江南一带近来采用无刺多花蔷薇，因为在这些蔷薇上嫁接操作方便，效果较好。要选择生长发育良好、粗壮、无病虫害的砧木来嫁接，才能提高成功率。

三、芽接

如用非休眠芽嫁接，一般选取开花后无病虫害的枝条，从顶部往下数，取第一或第二个具有 5 片小叶的腋芽作接穗，顶端的腋芽和第二个以下的芽都不能用。如用休眠芽进行嫁接，则选择立秋后叶色转青、腋芽饱满但未萌动的新枝作接穗，一般要剥去叶柄和刺。如图 2－2 所示，切芽时，首先在芽上或芽下 1 厘米处先横切一刀，深浅不超过 1 毫米，然后一刀切下盾形芽片，芽的位置应在盾形的中部略靠下侧。在选择好的砧木根茎部位上部横割一刀，再在刀口中部竖割一刀呈“T”字形，竖的刀口长度为 2 厘米，刀割深度以刚到砧木木质部为宜。然后将砧木皮层轻轻地向两边挑开，把已切好的盾形芽片插入砧木切口，齐砧木刀口上部割平芽片，使穗芽完全嵌入砧木皮层内。然后用塑料带绑扎，将芽完全密封。整个操作过程动作要快，否则砧木和接穗伤口干掉后很难愈合成活。嫁接成活后待芽长出 10 厘米左右，即解除绑缚的塑料带，砧木抽出的枝条和接芽初生枝条长出的花蕾，都应立即除去，以利培养健壮的植株。

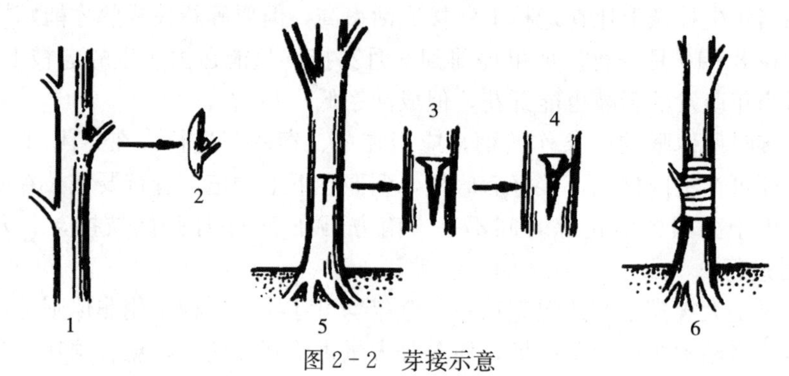

图 2－2　芽接示意

1. 接穗　2. 接芽　3. 剥离　4. 插入接芽　5. 砧木（T 形口）　6. 包扎

四、枝接

月季的枝接常用切接法。在月季休眠期，用 1 年生成熟枝，取其中具有 2～3 个饱满芽的一段为接穗。接穗的具体切法如图 2－3 所示，第一刀将基部切成一个 45°斜切面，第二刀是在这个斜面的反面，先向内深入 1～2 毫米，再向下平切，自上而下削成一个长 2～2.5 厘米的平面切接用的砧木，要选比接穗稍粗的 1～2 年生苗，接的位置距地面 4～6 厘米为宜。选好砧木后，先按要求的高度剪短，在表面光洁平滑无刺的一面向下直切一刀，稍带木质部，切口长度比接穗平切口稍长。砧木切好后，迅速将削好的接穗对准形成层，与砧木的切口贴紧，砧木切离的一片皮层包在外面，起稳定和保护作用。然后用塑料带捆紧。嫁接后加强管理，待小苗长到20厘米以上时进行移栽，移栽时必须先剪去花蕾和嫩梢，种植后应充分浇水。

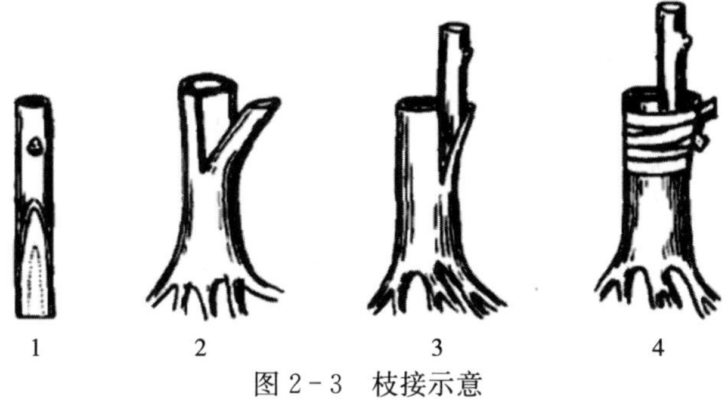

图2-3 枝接示意

1. 接穗 2. 砧木 3. 插入接穗 4. 包扎

第四节 月季的组织培养法

用组织培养的方式进行繁殖，其繁殖率远远高于其他无性繁殖的手段，所得的新苗不仅可以保留原品种的优良性状，而且能得到无病毒感染的植株。所用的时间比播种、扦插或嫁接均短，在良好的条件下，经过2个月组织培养的苗，春季下地栽种当年即可见花。

月季的组织培养繁殖在国内外已有不少报道，目前这一快速繁殖方法已基本完善，在一些地方已经用于工业化生产，对加速老品种更新换代，迅速普及名优品种起到了很大作用。在培养程序上基本相同，但在不同条件下，可以有一定程度的灵活性。

一、培养基的配制

在开始组织培养时，首先要配制培养基。目前最常用的月季培养基是MS培养基，其配方列于表2-1。

表2-1 MS培养基配方

序号	成分名称	化学式	用量（毫克/升）
1	硝酸铵	NH_4NO_3	1 650
2	硝酸钾	KNO_3	1 900
3	磷酸二氢钾	KH_2PO_4	170
4	七水硫酸镁	$MgSO_4 \cdot 7H_2O$	370
5	二水氯化钙	$CaCl_2 \cdot 2H_2O$	440
6	碘化钾	KI	0.83

（续）

序号	成分名称	化学式	用量（毫克/升）
7	硼酸	H_3BO_4	6.2
8	二水钼酸钠	$Na_2MoO_4 \cdot 2H_2O$	0.25
9	五水硫酸铜	$CuSO_4 \cdot 5H_2O$	0.025
10	六水氯化钴	$CoCl_2 \cdot 6H_2O$	0.025
11	七水硫酸锌	$ZnSO_4 \cdot 7H_2O$	8.6
12	四水硫酸锰	$MnSO_4 \cdot 4H_2O$	22.3
13	七水硫酸亚铁	$FeSO_4 \cdot 7H_2O$	27.8
14	乙二胺四乙酸二钠	EDTA-2Na	37.3
15	肌醇	$C_6H_{12}O_6$	100
16	盐酸吡哆醇	VB_6	0.5
17	烟酸	$C_6H_5NO_2$	0.5
18	甘氨酸	$C_2H_5NO_2$	2
19	盐酸硫胺素	$C_{12}H_{17}ClN_4OS \cdot HCl$	0.1
20	蔗糖	$C_{12}H_{22}O_{11}$	30 000
21	琼脂	$(C_{12}H_{18}O_9)_n$	10 000

MS培养基母液的配制：为了更方便地配制培养基，要先配制比所需浓度高10～100倍的母液（表2-2），并用家用冰箱在0℃左右贮存备用。母液要按无机成分分别配制，以免发生化学反应或沉淀。

表2-2 MS培养基母液的配制

成分	用量（毫克/升）	每升培养基取用量（毫升）
母液Ⅰ（大量元素）		
硝酸铵	33 000	50
硝酸钾	38 000	
二水氯化钙	8 800	
七水硫酸镁	7 400	
磷酸二氢钾	3 400	
母液Ⅱ（微量元素）		
碘化钾	166	5
硼酸	1 240	
四水硫酸锰	4 460	

（续）

成分	用量（毫克/升）	每升培养基取用量（毫升）
七水硫酸锌	1 720	5
二水钼酸钠	50	
五水硫酸铜	5	
六水氯化钴	5	
母液Ⅲ（铁盐）		
七水硫酸亚铁	5 560	5
乙二胺四乙酸二钠	7 460	
母液Ⅳ（有机成分）		
肌醇	20 000	5
烟酸	100	
盐酸吡哆醇	100	
盐酸硫胺素	20	
甘氨酸	400	

MS培养基的配制：先在洁净的不锈钢锅里放入约750毫升蒸馏水，加入所需要的琼脂和糖，最好先在水浴锅里将琼脂溶化，如果直接加热，应不停地搅拌，防止锅底烧焦或沸腾溢出。然后加入表2-2中的母液150毫升，母液Ⅰ、Ⅲ、Ⅳ各5毫升，加蒸馏水将体积调到1升。充分混合好后，用氢氧化钾或氢氧化钠将溶液pH调到5.8左右。至此培养基的配置已算完成。

分装消毒：将培养基分别注入试管或三角瓶内，深度为全深的1/3或1/4即可。然后加盖或用棉塞塞紧。将试管或三角瓶平摆在高压锅内，在压力202.65千帕（2个大气压），温度120℃下灭菌15～20分钟即可。灭菌后取出放至室温即可使用。做好的培养基一般应在2周内用完，短时间可存放于室温条件，如不能尽快用完，应存放于4℃条件下，如果培养基表面变干，就不能再用。

二、无菌培养的建立

（1）植物组织材料选取与消毒

首先从生长在田间的或盆栽的优良品种植株上，选取生长健壮的当年枝条，采回后切去叶，再剥去附在茎上的叶柄及皮刺，先整段用洗手刷蘸浓洗衣粉水仔细刷洗，再用自来水冲净，毛巾擦干，置小木板上，用利刀切成2～3厘米一段，每段至少有一个侧芽。然后在超净工作台或接种箱内，用饱和漂白粉上清液，作表面灭菌15～30分钟。然后倾去灭菌溶液，用无菌水刷洗数次

（无菌水是用 1 000 毫升的大三角瓶，盛放 2/3 体积的自来水，经半小时的高压灭菌后放凉即可。无菌水存放时间不宜过长，以 1～2 周较好，时间长了要重新高压灭菌）。

（2）接种与培养

接种就是把植物材料插入培养基的过程，要注意严格执行无菌操作。将洗涤好的月季茎段用无菌纱布吸干外表水分，用灼烧过的镊子夹一块茎段送入装有培养基的管内，轻轻插在培养基上，再塞上高压灭菌过的棉塞。将接种好的试管放在培养室内培养，温度以 21℃左右较好，光照 10～12 小时，光强 800～1 200 勒克斯，从芽萌发到长到 1 厘米左右需 2～3 周。

（3）继代增殖培养

将上面已经长大的月季嫩茎切成 1～2 节一段，投入新鲜的增殖培养基上。增殖培养基可直接用 MS 培养基，也可在 MS 培养基中加入细胞分裂素 BA 和吲哚乙酸 LAA。用量是每升培养基加 1～2 毫克 BA，加 0.1 毫克 IAA。月季小苗经 5～6 周 1 次的继代增殖，会按几何级数增殖起来。

（4）壮苗培养

继代增殖的小苗嫩茎很细弱，要进行一次壮苗培养，以取得适合生根和以后移栽的苗子。壮苗培养基是在 MS 培养基中加入细胞分裂素 BA 0.3～0.5 毫克/升，加入吲哚乙酸 IAA 0.01～0.1 毫克/升。将月季嫩茎投入壮苗培养基后，控制光照 10～12 小时/天，光强 800～2 000 勒克斯，温度 21℃左右。

（5）生根与移栽

经过壮苗培养的月季嫩茎长到一定长度时，就应切割下来，转入生根培养基。生根培养基是将 MS 培养基稀释 1 倍，再加入吲哚乙酸 IAA 1.0 毫克/升或吲哚丁酸 IBA 0.5 毫克/升，再加入活性炭 300 毫克/升和白糖 30 克/升。切下的月季嫩茎长度以 2～3 厘米为宜。

经 3 周培养，就有数条白根生成，这时就可出瓶移栽。第一次移栽是把幼苗取出，先洗去黏附的琼脂培养基，再种植到蛭石或锯木屑＋园土（1∶1）的介质中，其他类似介质也可视情况选用，但要疏松通气，有一定的保水、保肥能力。种植密度每株 2～3 厘米×4～6 厘米。移栽完毕浇透水，用 0.1%百菌清、多菌灵或托布津等喷雾保苗。保持相对湿度 85%以上，移栽 1 周后，可施稀薄的追肥。视苗大小，浓度逐渐由 0.1%提高到 0.3%左右，施肥种类可用复合肥、尿素、磷酸二氢钾以及饼肥水等。通常 7～10 天喷一次杀菌剂保苗。在 4～6 周后，进行第二次移栽，通常植入 5 厘米×9 厘米的塑料杯或营养钵中，每杯种 1 苗，加强水、肥和病虫害管理防治，经 4～6 周，地上地下部分都充分生长，有些植株可能开花，此时可上盆或定植。

第五节　月季的其他繁殖方法

一、压条繁殖

任何月季，只要枝条足够长且宜于弯曲，可伏在地面被压到土中，都能用简易的压条法进行繁殖。在暮夏开花后，选择健壮、成熟的枝条，去掉部分叶片，使一段茎秆明显地露出。在茎的较低处侧面切一个 2.5 厘米长的口子，在切口涂上生根素，再用火柴棍大小的小木棍撑在切口里。轻轻把压条压低至接近地表位置，压进准备好的土穴中，再用铁丝环固定，盖好土压实。把枝顶系在一根直立的小竹竿上。第二年春季就可以将生了根的压条苗从母株上分离。

二、分株繁殖

有些月季的萌蘖很多，可以很容易地进行分株繁殖。在休眠季节，如暮秋或早春，选择萌蘖发育完好的植株，扒开土壤露出基部，然后从母株上分下带着尽可能多根系的萌蘖。准备好一个幅度与深度足够容纳根系的栽培穴，立即将分下的萌蘖种好，踩实并浇足水，然后进行正常的养护管理。

第三章

月季的栽培技术

第一节　月季栽培的基地要求与土壤整理

一、月季栽培的基地要求

选择生产基地，首先应以月季的生物学性状为依据，能最大限度地满足月季生长的最佳环境条件。具体而言，该地区的气候条件应适宜月季生长，冬季最低温度不低于－5℃，否则要采取防寒措施。生产基地最好选择向阳地块，以满足月季喜好阳光的生长特性。要有方便的灌溉条件，排水良好，防止下雨后积水导致月季死亡。土质要求疏松、肥力高、病虫害少。不同生产目的对基地条件有不同要求。以栽培环境绿化月季苗的公司常用露地栽培，也有用大棚栽培的；而生产月季切花更多采用温室等设施栽培，当今世界各国有竞争力的优质花卉绝大部分是设施栽培的产物。

（1）现代温室

现代化的全天候温室多采用钢架或铝合金玻璃结构，利用计算机程序自动管理温室的温度、湿度、光照、二氧化碳浓度、通风、灌溉、营养供给、介质酸碱度等，满足花卉各生长发育阶段的需求，培育出一流的优质切花。还有一种单因子控制的温室，该温室分别控制温度、湿度、光照、二氧化碳浓度等，给温室植物提供较好的条件，生产出大量较好产品。目前这种温室在我国广泛采用。

（2）塑料大棚

利用塑料大棚生产花卉，在北纬43°以南可以不用燃料，只利用太阳光能就能生产月季鲜切花。投资小，效益高，非常适合我国的国情。温室的骨架通常采用钢架，塑料薄膜一般用聚氯乙烯或聚乙烯薄膜。在高纬度地区可采用空心砖砌筑后墙和山墙，保证温室牢固和蓄热、保温。

二、土壤整理

月季的根系主要分布在地表以下30厘米的土层中，因此需要25～30厘米厚的栽培土，如果达不到，则要深耕或加客土。土壤准备好以后，接着要整地做畦。如果地形有起伏，要沿等高线做畦，高差太大时，可分几个平台来处理。畦的宽度以适合两侧操作为原则，因为定植以后，要中耕、除草、灌溉、修剪等，操作时不必进入畦内，以免踩紧土壤或损伤苗木。每畦一般种 2～3 行，种 2 行的畦宽 1～1.2 米，种 3 行的畦宽 1.5 米，畦的高度 15～20 厘米。如果在标准大棚（6 米×30 米）或温室内生产，可做成宽约 1 米的畦，两畦之间留出 30 厘米宽的道路，以便操作。畦的长度视现场地形情况而定。土壤经翻耕后，土中的杂草根、砖瓦石块、木本植物残株等一律清除出去，然后施入基肥。基肥以堆肥、厩肥、饼肥、油粕、骨粉、草木灰和迟效性颗粒化肥为主。农家肥施用量大约每 10 株需要 150 千克，或每 100 平方米施 2 吨，平铺地表以后，用锹或锄细致翻入土中。化肥施用量以 100 平方米施氮 5～6 千克、磷 7～8 千克、钾 4～5 千克为宜。也可每 100 平方米施 2 千克过磷酸钙。土壤板结的地可适当翻入锯木屑、砻糠或稻草。土壤偏酸可施入生石灰，偏碱则施入石膏，用以调整酸碱度到中性或微酸性。有些品种也可在微碱性土壤中生长良好。上述工作完成后，要进行消毒，以防治病虫害。消毒的方法可参照前述的扦插基质的消毒法。然后就可以开始种植了。

第二节　月季种植要求与水肥管理

一、种植要求

（一）定植时间

整地、做畦、施基肥、土壤消毒后，即可栽植月季。月季在冬季地上部虽然呈休眠状态，但根部十分活跃，只要管理措施得当，一年之中随时可以种植。但考虑到种植的成活率以及栽培的经济性，不同气候区栽培时还是要选择最佳的季节。在我国南方以冬季栽种最安全，北方地区除严寒的冬季外，晚秋、早春均可种植。在北京 10 月下旬至 11 月上旬落叶后，以及 3 月中旬至 4 月中旬发芽前均可栽植。江南地区露地栽培可在 2—3 月种植，如果在薄膜覆盖的大棚内，可在 12 月至翌年 1 月种植以提早生长。另外，如果生产切花，要以供花时间而定，一般定植后 5 个月开始产花，南方温暖地区如广州、珠江三角洲一带露地栽培，通年都可以种植，温室栽培则应比冬季供花时间提早 5～6 个月种植。通过不同的定植时间安排，周年提供切花。

（二）种苗修剪

如果购入的种苗修剪不够完善的，要再加工修剪一次。去掉多余的枝、太长的枝和残留未剪光的短桩等。如果是嫁接苗，应在种植前在接口以上 0.2 厘米处剪去砧木枝条，剪时应注意不要损伤芽眼和芽片。同时适当把根剪短，便于种植。修剪时剪刀必须锋利，以免将种苗的根茎轧碎。

（三）种植深度和密度

嫁接的月季苗种植时要使芽的嫁接接口位于土表以下 2.5 厘米处，没有嫁接的月季，茎秆在土表的位置应与种苗原来的种植深度保持相同的水平，芽眼必须露出土面，芽眼方向朝南，根茎稍向北倾斜。月季适宜的种植间距取决于其枝条性状和植株高矮。栽种太近会使覆盖、喷药、修剪操作变得困难，导致空气环境郁闭，而使黑斑病或霉病迅速蔓延。一般情况下，株距 25～30 厘米，行距 30～35 厘米，通常一个标准大棚可种 1 000 株。

二、水肥管理

（一）浇水

月季缺水时花叶萎蔫，但过湿或积水也易烂根，因此掌握浇水量是非常重要的。浇水最好采用“见干见湿，浇则必透”的原则，也就是待土表几厘米的范围确实全部干透了再浇水，而且浇透浇足。灌水的次数，在生长季节取决于雨水的频率、气温及土壤的持水能力。月季需要湿润，但给以轻度的干旱刺激也有好处，在上层干的时候，基层的根要向下层吸取水分，比较活跃地向下增生新根寻找水源，以后不致因地下积水引起危害。一般情况下，春、秋晴朗之日 1 周浇水 2 次。冬季在南方 10 天浇 1 次，但北方上冻之前浇足冻水，然后覆盖根部，整个冬季就无需再浇水了。夏季土温升高到 40℃以上时，会影响根的生存，应该多次浇水降温，但不要在高温下突然浇水，而应早、晚浇足水，保持土壤湿润，土温就不致升高太快，中午或下午就不必担忧晒死了。在雨季要停止灌溉，甚至要排涝。但要特别注意如果出现零星小雨，只将土表弄湿而根部干燥，对月季很不利，应及时灌水为好。如果有喷水设备，可进行定时喷水，以提高空气湿度和清洗叶面，使月季生长更好。

（二）施肥

1. 土壤追肥

月季的花期长，基肥之外仍需要施追肥，而且常用化肥追施，以求速效。最好则是氮、磷、钾配合和有机、无机肥互补，可使月季生长健壮。一般每平方米用量为：氨水 24～49 克，尿素 9～17 克，过磷酸钙 27～54 克，重过磷酸钙 9～17 克，硫酸钾 8～15 克或硝酸钾 27～54 克。也可用菜饼、骨粉或过磷酸钙、硫酸钾配成缓效肥料，主要用于雨季、土壤潮湿时，待月季修剪或剪完一次切花，在植株地面上撒施一次，一般大苗每株施 10～15 克，小苗每株施 5 克左右。

施用化肥要切记，月季需要的氮、磷、钾比例是 1∶1∶2 或 1∶1∶3。红壤中含磷较高，施磷量应减少。也可用草木灰代替钾肥，因其含有 5%～14%的氧化钾。

另外要注意掌握好施用化肥的时机。在低温的早春或晚秋、雨水较少的干旱季节，视植物生长情况合理施肥。月季连续开花1次周期为5～6周，在花谢时施化肥1次，保证下次开花不断，花朵硕大艳丽。入秋后少施氮肥，多施磷肥。施肥要薄肥勤施，不能施之过多，否则会使植株受害。

2. 叶面施肥

用肥料的溶液喷洒叶面，由叶面直接吸收，其效果有时比在土壤中施肥还要好，可以补充土中施肥的不足。溶液中含1种元素或多种元素，浓度一定要低，一般不超过0.3%。叶面施肥要注意以下几点：①浓度一定要低，以免灼伤叶片；②叶子生长到一定程度才能吸收养分，太嫩的叶子不行；③叶子两面都喷到，效果最佳；④不要在雨天或阴天喷洒，最好在晴天无风的早晨进行；⑤喷洒器械要完善，最好有一备用的喷雾器，以便连续操作；⑥喷洒的溶液内可以适当加入一些除虫剂。

下面是几种常见肥料的叶面喷施方法。

尿素：适宜的喷施浓度为0.2%～0.3%。大概1茶匙尿素溶在4千克水中，或5茶匙尿素溶在18千克水中，即可使用。一般在修剪后约1个月，叶子生长到可施肥的状态，每10天喷1次，直到月季的花芽开始张开。在第一批花开过后，基部或侧枝抽生新枝，新枝的叶片成长以后，可进行第二轮叶面施肥。

氮、磷、钾同施：如果发现肥力不足，可以用尿素和磷酸二氢钾按1∶1混合后，将1茶匙混合物溶在4千克水中，即可喷施。

微量元素：如果确诊月季缺少微量元素，可喷施微量元素。将硫酸亚铁2克和熟石灰1克溶于1千克水中，或硫酸镁2～3克溶于1千克水中，或硫酸锰2克及熟石灰1克溶于1千克水中，分别对症喷施。1周后能看出叶色是否恢复正常绿色，如部分好转，仍应再施。一般每周1次，待全部叶片好转后才停止。

农一清：将市售的农一清（化肥之王）稀释成300倍液，在嫩叶未转青时喷施，可使月季花苞增大。

第三节　月季植株调整

植株调整包括摘心、摘蕾、除砧、修剪等工作，目的是使植株丰满、枝条壮实或二次开花。不同类型的月季在生长过程中，植株调整的目的与方法不尽相同。

一、小苗培大植株调整

定植成活后的小苗，新芽迅速生长，嫩梢拔节伸长，展叶、现蕾。当花蕾长到黄豆大小时，及时进行摘心、摘蕾，切勿使新枝开花，以免消耗养分。同时，从砧木上发出的新芽也要及时地全部除掉。为使株形丰满，摘蕾工作要反复多次进行，当芽苗积累充足的养分后，会从基部长出粗壮的脚芽，待其长到40～50厘米高时进行摘心，促使其萌发分枝，养成第一个开花的主枝。每株苗要养出3～5个开花主枝，枝条要壮实。

二、大苗修剪的一般方法

月季生长过程中，一定会产生老枝、弱枝、病枝及基部砧木的分蘖枝等，有必要将其剪掉，其作用一是疏删，二是不致愈长愈高。

修剪的最适合时间是接近发芽、停止休眠之际，或接近休眠而尚未休眠之时，各地区的修剪时间不同，但都是比较短暂的几天。秋季开花结束，雨季已过，冬季尚未来临，最适合修剪作业。除了为调整树形而修剪外，每次开花后也要进行适当修剪。一般早春第一次修剪后，大约2个月即见花，花后进行轻微修剪，以后依温度升高情况，每隔6～8周又开1次花，周而复始乃至秋后。

修剪的形式有轻剪、中剪和重剪三种。轻剪即对健康枝条短剪，去掉向内扩展的两三个芽。中剪是将去年生长的健康枝条齐基部剪掉或剪短一半。重剪是全株只留3～4根去年生枝条，然后在离地面20厘米处剪断枝条，差不多只保留基部3～4个芽，这种剪法是促进幼株在第二年生出新枝，而植株不致逐年高大。

修剪时用锋利的剪刀在芽的上方0.5厘米处剪断枝条。选向外的芽予以保留，以便新枝的生长向外延伸，不致遮挡中部的光线，剪口要剪成斜面，以免存水伤及髓部，表面要光平。修剪后要保护好伤口，以免病虫入侵，如立即喷洒防虫药剂，伤口应涂抹保护剂，如硫酸铜与红铅加亚麻仁油，即可涂用。剪下的枝叶放在院子的一角，晒干烧掉，草木灰可当肥料。修剪时踩实的土壤要用耙子耙松耧平。

三、成形月季的修剪方法

已成形定植的月季仍需年年修剪，以适应不同的观赏需要，保持完美的外形。但不同类型的月季习性和修剪目的不同，其修剪的方法也有所区别。

（1）大花丛生月季（杂种茶香月季）

在秋季或春季月季还处于休眠时修剪。首先剪去枯死枝条、染病枝条、受损枝条、瘦弱枝条。剪去自上一次修剪所留下的不开花的老桩。保留的枝条，强者剪去一半，弱者保留一小半，使之留下开展的、匀称的骨干枝，以保证空气流通。在温和的气候下，要将主枝截短20～25厘米，在较为温暖的地区，不要修剪过重，达45～60厘米即可。开白花和黄花的杂种茶香月季，要对其进行比较轻度的修剪，也有些品种要中剪。因此，修剪前，要预先了解品种的习性。

（2）丰花月季（聚花丛生月季）

其修剪法与杂种茶香月季不同，修剪的目的是取得更多的花，产生群体观赏效果。因此，一般都采取轻剪方式。在秋季或春季剪去交叉枝条或拥挤枝条及徒长枝，剪去枯死、染病或受损枝条，修剪主枝使其高于地表约30厘米，将侧枝短截1/3或2/3，要在强健的芽前截短。原则上对幼枝不太修剪或轻剪，其他枝条则比较严格修剪，基部去年生枝条，能开花的只将顶梢2～3个芽去掉。基部已开过花的枝条，剪口要在花枝之下和芽之上。如果基生枝太多，应当全部齐根剪掉，以免过分拥挤。

（3）小花矮灌月季（矮生聚花丛生月季）

这种花具有大量开小花的习性，修剪的目的是多开花和维持冠形的完整，所以只轻剪即可。将顶端剪掉促进侧枝生长，去掉死枝、弱枝、密枝、中部的乱生枝等不好看的枝条，使全株看起来优美。但品种之间仍有习性上的差别，应予注意。

（4）微型月季

这种月季常长出大量的纤细枝条及从基部长出破坏植株对称美和过长的旺盛枝条。常用以下两种方法中的一种进行处理。第一种方法是修剪要控制在最低限度，将所有的杂乱枝条、枯死条、染病条与受损条除去即可，并剪短任何破坏植株对称美的过长枝。另一种方法是剪去除最壮枝条外的所有枝条，然后将剩下的枝按其全长短截约1/3。

（5）地被月季

地被月季有两个庞大的类群，其中一类是矮生、开展、株形紧密的现代灌木状月季，只有定期修剪它们才能长得更好，一般进行轻剪，自基部将最老的开过花的枝条短截1/5～1/4，以促发能够开花的新枝；另一类是具有茎生根的爬蔓品种，要很好地剪掉在预定扩展范围外的枝条，将其在朝天芽前截短，并剪掉太长太密的遮光枝条。

（6）藤蔓月季

这种月季的修剪主要是去掉死枝、弱枝、密枝，有些品种在老枝上开花，但有些并不开花，前者只剪短顶端即可，后者将老枝齐根剪除。

第四节　月季防寒管理措施

北方冬季严寒地区，需要防寒协助月季度过寒冬。除了低温外，冷风吹袭、过分干旱等也可能在温度并不十分低的情况下使月季受害，所以要对寒、风、旱采用综合措施。

一、地面覆盖

用树叶、木屑、禾秆、砻糠、堆肥等，铺在月季植株基部地面上，厚度约10厘米，其作用可以保护地温、减少蒸发、淋洗增肥、改良表土。面积应比月季冠幅略大，如畦面不宽也可全部覆满。要在冬季上冻前盖好，开春后去除或翻耕在表土内。

二、包扎

为防止冬季霜冻伤及枝干，可自下而上用成捆的稻草或麦秆，包围月季的主要枝干，外面用绳扎牢。全株基部填高土壤，将草捆的枝条也埋入一部分，使全株得到保护。

三、埋土

在月季根部堆起更多土壤，以防基部枝条冻伤。北京地区常用此法防寒。堆土高度一般在30厘米左右。幼株短剪后可全部埋入土中。在更冷的地区，可将月季根部挖开一半，抖散土壤，轻轻将全株向土中有根的一方按倒，然后覆土30厘米，可以在－40℃的低温下安全越冬。

四、风障

用毛竹、玉米秆或纤维织品等并排立在月季种植地块的北部及西部，用来阻挡西北风。风障务必结实、封闭。面积较大的月季园要设立多道风障才安全。

第五节　月季花期调控

切花月季上市时间的不同，对价格的影响很大。因此，合理调控花期，是获得良好经济效益的重要手段。花期可通过修剪和控制温度来调控。

一、修剪调控

修剪可以对月季产花日期、单枝的出花数量和出花等级产生重大影响。一般品种全年应控制在18～25枝/株的产花数量。月季从发育到开花的物候期是相对稳定的，但通过修剪的时间、部位的不同，在一定程度上可调整花期。不同品种开花所需的有效积温不同，因此修剪后到开花时所需的时间也不同。大体上在上海，一年之中切花月季获得较好经济效益的修剪规律是：1—2 月整枝后，在 9—10 月出现秋花；10 月整枝后，在翌年元月出现冬花。

冬季切花能获得较高的经济效益，因此切花月季应在冬季大批量上市。因而秋剪显得更重要。秋季气温有前高后低中间稳的特点，以 8 月 30 日为界线，越往前气温越高，修剪过早花枝发育时间短，花蕾持续时间也短，2～3 天就凋谢。反之，若修剪过迟，从修剪到开花时间就越长。一般迟一天修剪，开花要延迟 2～3 天。在加温温室内生产冬季型切花，要利用夏季温室内的高温和干燥，强制切花月季进入休眠状态，然后进行修剪。秋芽发出后，要及时抹芽，留壮去弱，到现蕾时及时去除副蕾，使养分集中于主蕾。以后每剪完一次切花，都必须进行一次抹芽和去蕾。冬季型切花的栽培，一年可剪切花 10 个月（9 月至翌年 6 月）。

二、温度调控

通过冬季增温和夏季降温的方法可调控花期。为使开花提前，可在 10 月下旬把植株放在 0℃左右的冷室内低温处理 30～40 天，然后种植在温室内，使室温逐步上升到 12～14℃，当显蕾时，保留 4～7 个芽，多余的除去，再将室温提高到 18～19℃，可在 3 月开花。若将室温提高到 25℃，可于 1—2 月开花。在夏季如果将温室内温度控制在 25℃以下，植株可常年开花。

第六节　月季盆栽管理

月季除了露地栽用于绿化或生产切花外，还可以盆栽观赏。由于月季被限制在花盆内生长，在栽培管理上与露地栽有不同的特点。

一、品种选择

应选择多花、矮型和生长较紧密的品种，花形、花色应根据市场需要来挑选，微型月季是盆栽的理想品种，宜选择花形美而色彩优雅的品种。杂交茶香月季虽然花大、花美，但花量不多，花枝较高大，一般不盆栽。

二、花盆与盆土

植株大小与栽培环境是确定花盆大小的主要考虑因素。一般在通风良好的空旷场地上栽培，植株蒸腾作用强，水分消耗快，选择的盆径应偏大些；而在保护设施内栽培，盆径可稍小些。花盆可选用美观的瓦盆或塑料盆，一般一年生的植株，选用口沿直径为 15～20 厘米的盆，两年以上的，则用口沿直径为 20～25 厘米的盆。栽培用土应选用保水、通气、保肥、疏松、肥沃的壤土，可用腐殖质（腐烂的树叶、草炭等）30%，有机肥（堆肥或粪干末等）20%，沙质土壤40%～50%组合成，还可加入2%左右的骨粉，堆积3～5个月后即可使用。

三、装盆栽植

春秋两季是进行盆栽的最适宜时期。先在盆底铺一层瓦片或粗粒土，以利排水，然后装入栽培土到盆高的1/3处，将幼苗移入盆内，使根系伸展，扶正后填埋栽培土，植株的根茎部位与土面相平，如用嫁接苗，要使嫁接处高于盆缘。土壤应比盆缘低2～3厘米，压紧后浇透水。刚上盆的植株应移放阴凉处，连续浇水3～4天，然后根据情况减少浇水次数，并逐步增加光照强度。

四、栽后管理

盆栽月季恢复生长后，应放置在空旷、通风、阳光充足的场地，每天至少要接受6小时的阳光。夏季为避免烈日直晒，可稍遮阴或移到阴凉处。在北方寒冷地区，冬季可将月季移入室内，以保证盆土不冻结为宜。盆栽月季放置时最好比周围地面稍高，以防夏季多雨，积水被淹而死。另外，盆栽植株的根经常会从盆底扎入地面，一般每半个月转动盆的方位一次。再做好水分、肥料管理及防治病虫害等工作，就可开放出美丽的花朵。

五、换盆

一般应1～3年换盆一次。因为原有的根系老化，吸水及吸肥能力减弱，开花少，观赏价值低，应及时更新盆土。换盆前保持盆土干燥，以利于脱盆，剪掉老、弱、枯根，用竹片将根球周围老土削去一部分，以利发新根。根据植株冠径和根系情况决定是否更换新盆。上盆时增加一定量的肥沃营养土，并浇透水。

第四章

月季病虫害及防治技术

第一节　月季及其病虫害概述

月季花是我国栽培历史悠久和深受人们喜爱的花卉之一，近年来发展较迅速，栽培面积和产量都逐年增加，现已出现生产切花月季的专业公司，每年不断从世界各地引进优良品种，生产鲜切花出口。据不完全统计，仅云南省引进的月季品种就达100多种，年生产量在2亿枝左右，年出口量在1 000万枝左右，月季已成为云南主要切花之一。但是，随着月季品种的不断引进和设施栽培、集约栽培程度的提高，月季生产中的病虫害也逐年增加，某些病虫害已成为影响月季切花质量和产量的主要问题。正确了解和掌握月季栽培过程中病虫害的发生情况，及时采取相应的控制措施，对提高月季切花品质十分重要。

月季病虫害种类较多，目前全世界大约有100种病虫害可危害月季，其中病害大约有80种，我国大约有40种。在云南省危害月季的主要病害有白粉病、霜霉病、根癌病、病毒病、灰霉病、黑斑病等；危害月季的害虫大约有20种，危害较为严重的虫害主要是棉铃虫、叶螨、蓟马、蚜虫、白粉虱、金龟子等。

云南温和的气候条件在适于月季生长的同时，也为各种病虫创造了良好的存活环境，特别是在昆明等多数地区，很多病虫可常年危害月季而无需休眠越冬，因此也决定了在月季的整个生长过程中，几乎都可能伴随病虫害的发生，给病虫防控工作造成了很大的困难。

真菌病害是月季病害的主要部分，其传播扩散速度快，侵染迅速，一旦发生难以防控，稍有不慎，会给生产带来极大损失，严重时可造成毁灭性破坏。真菌病害的发生与品种的抗病性、气候条件、肥水条件、防控管理措施等有密切的关系。一般来说氮肥施用过多，土壤中缺钙和钾，温室光照不足、通风不良、温差变化大、空气湿度大、种植密度大等栽培管理不善都会引起白粉病的大发生。寒冷、潮湿、通风不良、肥水失调、光照不足、植株衰弱等易导致月季霜霉病的发生。而湿度大、叶缘滞留水珠、温室光照不足、通风不良、低温连阴雨易导致灰霉病的发生。因此，要搞好真菌病害的防控工作，除选用抗病品种外，一定要搞好田间管理，保持良好的通风和充足的阳光尤为重要。

月季细菌性病害主要是根癌病，也叫冠瘿病，是我国月季生产栽培中的重要病害之一。该病害轻则造成生长不良，植株矮小，不健壮，根系发育不良，分枝少，开花少而小，严重影响切花质量和产量；重则造成植株大量死亡。该菌在癌瘤皮层内或随病株残体在土壤中习居越冬存活。主要借灌溉水和雨水传播，植株有伤口或嫁接口未完全愈合、土壤偏碱性、高温、高湿等条件均有利于该病的发生。

月季的主要寄生线虫有 22 属 63 种，我国目前报道的有 12 属 14 种，其中根结线虫危害最重。无论是大田或是在温室中线虫病都有发生，主要引起叶片黄化、长势差，花茎变短，降低花色质量和产量。目前在云南地区发现危害性较大的线虫有根结线虫、短体线虫和剑线虫。

在我国月季病毒病发生较普遍，有些花圃发病率高达 80%以上。病株只在适宜季节显症状，仅在部分叶片出现淡绿色或黄色栎叶纹、斑驳。由于病株常为隐症状态，所以不易引起人们的注意。危害较严重的有月季花叶病毒、南芥菜花叶病毒、李属坏死环斑病毒和草莓潜环斑病毒等。

除病害外，月季田间存在很多害虫，有的还能造成严重的危害。主要害虫有蚜虫、蓟马、粉虱、蔷薇三节叶蜂、鳞翅目害虫、叶螨、金龟子、叶蝉等。它们有的危害植株，造成长势衰弱，影响产品品质（如蚜虫、叶蜂、金龟子等）；有的直接危害花朵、影响外观（如蓟马等）；有的传播病毒，引起病毒病害（如蚜虫、粉虱等）。

除上述生物因子外，月季生产过程中也会发生非传染性生理失调或障碍症，如缺铁、缺锰、缺氮等引起的各种月季缺素症，由除草剂使用不当引起的药害等均属此类。

第二节　月季常见病害

一、真菌与细菌病害

在月季生长过程中，极易发生霜霉病、黑斑病、白粉病以及灰霉病等病害。管理人员应对月季的主要病害进行及时识别和诊断，确保月季的种植质量。

（一）白粉病

1. 发病特点

月季白粉病的主要病原为蔷薇单丝壳菌。在冬季，病原体会附着在月季上越冬，春天月季发芽时，病原体会被激活，侵入到表皮气孔中，侵染月季幼嫩部位。白粉病菌会随风传播，尤其在潮湿温暖的季节，其传播速度会加快。发病期通常为每年的5—10月，发病后月季的叶片失绿形成黄斑并附着白色粉末，开出的花瓣多表现为畸形。

2. 防治技术

（1）优选抗病品种

引种前应提前做好调查，选择抗病性较强的月季品种。抗白粉病的品种有“希望”“亚历克红”“摩纳哥公主”“异彩”以及“希拉之香”等。“香欢喜”和“金凤凰”易感染白粉病，“梅郎口红”和“查克红”则极易感染白粉病。

（2）药物预防

在春季月季发芽初期，可以将65%代森锌600倍液喷洒在植株上，预防白粉病，一般每隔7～10天喷洒1次，连续喷洒3～4次。

（3）药物防治

在发病期，使用70%甲基托布津200倍液或25%三唑酮可湿性粉剂200倍液，将其喷洒在病害处，每周喷洒1次，连续喷洒3周。为了确保药剂治疗效果，在喷药过程中，应时刻保持叶片的湿度，可以使用发泡吸附剂对叶片进行处理，以提高药剂的附着效果。

（二）黑斑病

1. 发病特点

月季黑斑病的主要病原为蔷薇盘二孢。该菌会寄生在月季的角质层下，并分生出孢子盘，当其从表皮突出时，叶片会遍布黑褐色斑点，在喷灌水和雨水喷溅过程中，其会传染给其他叶片，当病害非常严重时，月季根系也会遭到侵染，还会造成叶片脱落。每年的5—9月是该病害的盛发期。

2. 防治技术

（1）药物预防

在初春月季萌芽之前，将晶体石硫合剂100倍液喷洒在月季植株上；在梅雨季节以及正常生长期，使用45%特克多悬浮剂500倍液或75%百菌清可湿粉剂1 000倍液进行预防，每7天喷洒1次，连续喷洒4～5次。

（2）药物防治

在发病初期，应交替喷洒45%特克多悬浮剂500倍液和75%百菌清可湿粉剂1 000倍液。同时，应根据实际情况加施80%代森锌和70%甲基托布津800～1 000倍液。在发病严重时期，应加施3～5次斑节脱乳油1 000倍液，且应将75%百菌清浓度提升至1 500倍液。

（三）霜霉病

1. 发病特点

月季霜霉病是由真菌中的一种蔷薇霜霉菌侵染所致。病原菌通过气孔侵入月季叶片内部，从细胞中获得养分。该病害通常发生在新生的月季嫩叶上，发病后叶片呈现淡绿色不规则水渍状斑点，后变成黄紫色，最后成为褐色，叶面表现出灼烧状态。当病害特别严重时，叶片会脱落，甚至植株死亡。

2. 防治技术

（1）药物防治

可以使用58%甲霜·锰锌可湿性粉剂600倍液进行喷洒（该种药物应避免与含铜汞碱性的药一同使用），也可以使用低毒的80%代森锰锌可湿性粉剂溶液700倍液或者69%烯酰·锰锌可湿性粉剂500倍液进行喷洒。

（2）控制浇水量

在浇水过程中，不可采用大水漫灌的方式，防止土壤长期积水。霜霉菌孢子在湿度100%的条件下才能侵入月季，因此要严格控制土壤含水量。当土壤干透后才能进行一次性浇灌，在梅雨季节，还应及时进行排水和疏松土壤，确保土壤的透气性。

（四）灰霉病

1. 发病特点

月季灰霉病是由真菌引起的，病原菌为灰葡萄孢。该病害常发生在月季的嫩枝、花及叶片上。当花蕾被感染时，会呈现出不规则水渍状小斑，随着病害的加重，整个花蕾会呈现灰黑色，最后全部腐烂，花蕾枯萎并脱落。当花瓣被感染时，其花瓣会先变成褐色，随后腐败。当叶片被感染时，叶尖和叶缘会出现不规则水渍状小斑，最后变成褐色且腐败。该病害常发生于温暖潮湿的环境中。

2. 防治技术

在发病期间，可以使用70%甲基托布津可湿性粉剂700倍液、75%百菌清可湿性粉剂700倍液或65%代森锌可湿性粉剂600倍液进行喷施防治。需要注意的是，应及时将病残体清理干净，并进行销毁处理。

二、线虫病害

月季主要寄生线虫有22属63种，我国目前报道的有12属14种，其中根结线虫危害最重。无论是大田或是在温室中线虫病都有发生，主要引起叶片黄化，长势差，花茎变短，降低花色质量和产量。目前，在云南发现危害性较大的线虫有根结线虫、短体线虫和剑线虫。

（一）月季主要寄生性线虫种类及危害

1. 根结线虫

危害月季的根结线虫主要是北方根结线虫、南方根结线虫和爪哇根结线虫，属固着性内寄生线虫。在受害寄主根系上引起肉眼可见大小不一的根结，须根过度分枝，引起植株矮化和生长不良。

2. 短体线虫

危害月季的短体线虫主要是伤残短体线虫。该线虫是移栖的内寄生线虫，通常破坏根的外层组织，引起根部褐变及吸收根的腐烂。

3. 剑线虫

危害月季的剑线虫主要是异尾剑线虫和印度剑线虫，属外寄生线虫，主要危害吸收根的根尖，产生圆形至纺锤形的根结，使根尖膨大或扭曲，同时还能传播病毒。

除上述3种线虫外，云南已发现寄生于月季的线虫还有卢斯垫刃线虫、诺曼琼斯丝尾垫刃线虫、双宫螺旋线虫、细纹垫刃线虫和唇盘垫刃线虫。另外可能发生和寄生于月季上的寄生线虫有咖啡短体线虫、玉米短体线虫、不确定矮化线虫、印度纽带线虫和肾形肾状线虫。

（二）防治措施

第一，加强检疫。在引进月季种苗时，应加强对危险性线虫，如北方根结线虫和裂尾剑线虫的检疫。另外，还须加强对5种可能发生的线虫的检疫，即咖啡短体线虫、玉米短体线虫、不确定矮化线虫、印度纽带线虫和肾形肾状线虫。以防这些线虫传入，造成危害。

第二，对于根结线虫发生较为严重的大棚，使用抗性砧木防治根结线虫。

第三，土壤消毒。对于土壤已感染线虫的大棚，种苗种植前，土壤可用棉隆熏蒸进行消毒，或使用杀线剂如铁灭克等，但使用杀线剂时，一定要按规定使用，避免污染环境。

第四，加强轮作，特别是水旱轮作，可消灭线虫。

三、病毒病害

（一）月季黄化花叶病

1. 症状

表现为黄色花叶、锯齿状褪绿线纹、环斑和脉带，有的在幼茎上产生鲜黄斑块；有的引起水浸状条纹，并自茎顶向下枯死，叶皱缩，有的表现矮化、褪绿和叶片皱缩而扭曲。

2. 病毒

李属坏死环斑病毒属于雀麦花叶病毒科，等轴不稳环斑病毒属，是月季花上最常见的病毒。

形态特征：粒体等径球状，直径22～23纳米。免疫原性中等，与月季花叶和苹果花叶病毒血清学远缘。与丹麦李线纹病毒血清学部分相同。

分布：该病毒目前主要分布于美国、英国、法国、捷克、保加利亚、荷兰、以色列、澳大利亚和新西兰等国家。

寄主范围：该病毒寄主范围广，可侵染21科的一些双子叶植物，如桃、李、樱桃、苹果、啤酒花等，引起许多植物先产生环斑，后隐症。

鉴别寄主：

①黄瓜：接种叶产生局部褪绿斑，后顶枯，全株严重矮缩和腋芽密生。

②胶苦瓜：局部坏死斑，偶尔系统坏死。

②瓜尔豆：接种叶有大而深色局部斑，后系统脉坏死。

繁殖寄主：长春花适合保存病毒，黄瓜适宜作繁殖病毒的寄主，接种后3～5天采收病叶作提纯。

3. 传播方式

汁液易传播，但因病毒极不稳定，故汁液接种时需采集幼病叶加含0.01mol/L二乙基二硫代氨基甲酸钠缓冲液磨碎制备病汁。也可经李属植物的种子和花粉传病。传毒介体不清楚，病株是主要的初次侵染来源，经无性繁殖，如扦插、嫁接等传播蔓延。

4. 诊断技术

利用鉴别寄主鉴定；血清学诊断，特别是用DAS-ELISA方法能获得较好的结果；免疫电镜观察；利用分子生物学技术诊断，如RT-PCR技术。

5. 防治措施

去病株并销毁；从健株上选取无性繁殖用材料，选择时先进行酶联或免疫电镜法检测；必要时，病株用38℃热处理90天左右，并结合茎尖组培，可获得脱毒苗。

（二）月季南芥菜花叶病

1. 症状

病叶表现环斑、脉斑驳。症状因品种而异，如假面舞会月季（Masquerade）的症状为系统褪绿环斑、脉斑驳，病株无生气。而在品种“Jiming Cricket”上仅在幼叶上有模糊的脉斑驳，待叶长成后症状随即消失。

2. 病毒

南芥菜花叶病毒，属豇豆花叶病毒科（Comoviridaex）线虫传多面体病毒属Nepovirus病毒。

形态特征：病毒粒体等径对称，直径约30纳米。免疫原性强，易获得效价1/500～1/1 000的抗血清。

多数毒株与典型毒株有密切的血清学关系，与同组的其他病毒，如草莓潜环斑病毒、烟草环斑病毒、番茄黑环病毒及番茄环斑病毒没有血清关系。

分布：主要分布于欧洲、美国等。

寄主范围：病毒自然发生于多种单、双子叶植物。人工接种能侵染28科93种双子叶植物，系统侵染的寄主有苋色藜、茴藜、菜豆、烟草、矮牵牛、草莓属和啤酒花。此外，还可侵染甜菜、水仙、月季、葡萄和莴苣等。

鉴别寄主：

①苋色藜、茴藜：接种叶局部褪绿斑，系统斑驳。

②黄瓜：接种叶局部褪绿斑，系统黄斑或沿叶脉褪绿，后畸形，病株停止生长。

③普通烟：接种叶局部褪绿或坏死斑，有的毒株引起系统黄斑或环斑，线纹，后长叶正常，但含病毒。

④菜豆：接种叶局部轻度褪绿斑，系统坏死或畸形。

⑤矮牵牛：接种叶局部褪绿斑或坏死斑，系统明脉或褪绿斑和线纹，最后恢复，但含病毒。

繁殖寄主：矮牵牛可作为保存和繁殖病毒的寄主，克里夫兰烟也可作为繁殖寄主。

3. 传播方式

汁液接种易传病。带毒种传毒率达10%左右，带毒种苗一般不显症。田间的传病介体为裂尾剑线虫和考克斯剑线虫，它们的幼虫和成虫均能传病，但带毒虫蜕皮后就丧失传毒力，带毒虫的后代也不传病。月季或蔷薇的病株扦插苗为主要传播途径。

4. 诊断技术

利用鉴别寄主鉴定；血清学诊断，特别是用DAS-ELISA方法能获得较好的结果；免疫电镜观察；利用分子生物学技术诊断，如RT-PCR技术。

5. 防治措施

拔除病株；选择无毒健株作为无性繁殖用的母株，母株是否带毒可借助免疫电镜法或DAS-ELISA来检测；栽种在没有介体线虫的地块；施用土壤杀线虫剂或进行轮作。

（三）月季花的草莓潜环斑病

1. 症状

随品种而异，一般幼叶出现清晰的黄脉斑驳，小叶成带状并缩小。病株矮化，无生气，有时隐症。

2. 病毒

草莓潜环斑病毒属线虫传多面体病毒属。

形态特征：病毒粒体等径，直径约80纳米。免疫强。本病毒的不同毒株间血清关系相同，与同组的其他病毒均无血清关系；与其他的球状病毒，如虹豆花叶、莱豆斑驳、蚕豆色染、蚕豆真花叶、萝卜花叶、南瓜花叶和蚕豆萎等病毒也无血清学关系。

分布：欧洲、加拿大。

寄主范围：自然感染各种月季、蔷薇和其他植物。人工接种可侵染 27 科 126 种植物，侵染后的病株多为系统症状。

鉴别寄主：

①苋色藜、苗藜等：局部褪绿和坏死斑，系统褪绿和扭曲，有时为坏死或模糊褪绿斑驳。

②黄瓜：局部褪绿斑或无症，系统脉间褪绿或坏死，夏季的病叶无症带毒，冬季症状持久。有的毒株侵染某些品种出现耳突。

③普通烟、黄花烟和矮牵牛：均为无症系统侵染。

繁殖寄主：黄瓜。

3. 传播方式

汁液接种易传病，也可通过多种植物种子传病，如月季、蔷薇、薄荷、芹菜、覆盆子、繁缕、苗藜等，有的种传率在 70%以上。传病介体为土壤中裂尾剑线虫和考克斯剑线虫。它们的幼虫和成虫均能传毒，前一种已知可传毒力达 84 天。月季病株、种传病苗和其他寄主的病株是田间初次侵染来源，其中月季的病株是主要来源，再经线虫可缓慢地传播扩大，而以病株为母株来进行无性繁殖，是田间病害蔓延的主要方式。

4. 诊断技术

利用鉴别寄主鉴定；血清学诊断，特别是用 DAS ELISA 方法能获得较好的结果；免疫电镜观察；利用分子生物学技术诊断，如 RT－PCR 技术。

5. 防治措施

选择无病株作无性或有性繁殖的母株；拔除病株；重病地块施用杀线虫剂消毒土壤或进行轮作。

四、生理性病害

（一）月季缺铁、缺锰症

1. 症状

幼嫩、新叶脉间组织出现褪绿和黄化，新叶生长停顿并逐渐变白，粉红色和白色花的品种比红花品种敏感。

2. 原因

土壤 pH 过高，通气不良，浇水过多，施肥过重，或根结线虫危害，土壤盐离子浓度过高，特别是当气温高时，缺素症状更加严重。

3. 防治方法

①充分分析土壤，确定土壤 pH、盐离子浓度，并改良土壤，使土壤盐离子浓度适宜植株生长。

②在叶面施螯合铁等含铁微肥。

（二）月季缺氮症

1. 症状

叶片尤其是新叶出现淡绿和黄化，叶脉也出现褪绿。缺氮叶片易脱落，叶小，节间长度和茎的直径都比正常株小，花色淡。

2. 原因

（1）土壤贫瘠

土壤中氮元素含量不足是导致月季缺氮症的主要原因之一。如果土壤中的氮素供应不足或者土壤质量差，植物无法吸收足够的氮元素供应其生长和发育所需。

（2）不当施肥

月季是高养分需求的植物之一，如果施肥不当或者没有提供足够的氮肥，就会导致植物缺乏氮元素。施肥应根据土壤测试结果和植物需求进行合理施肥，确保提供足够的氮肥供应。

（3）水分不足

水分不足也可能导致月季缺氮症。当土壤过干时，植物根系无法有效吸收土壤中的养分，包括氮素。适当的灌溉和保持土壤湿润有助于确保植物获得足够的水分和养分。

（4）pH 不适宜

土壤 pH 对植物养分吸收有重要影响。如果土壤过酸或过碱，植物根系的养分吸收能力可能会受到影响，包括氮素的吸收。适当调整土壤 pH 可以改善植物对氮素的吸收情况。

3. 防治方法

及时发现，及时喷施 0.1%尿素溶液，追施 0.05%尿素和稀薄的有机肥混合液，施肥要少量多次。过多施用氮肥，叶片往往过大。叶大时抽枝过长，花蕾也会姗姗来迟。此时应减少氮肥施入，增加磷、钾、镁和有机肥的施用。

（三）除草剂危害

1. 症状

月季根吸收的除草剂所产生的症状与缺铁症状相似，即引起脉间失绿。但是除草剂引起的脉间失绿更为明显，深绿色的叶脉与淡黄色的叶肉形成鲜明的对比。受害植株施肥和微量元素均不能恢复。

2. 原因

土壤残留除草剂或不正确地使用过除草剂。

3. 防治方法

一旦出现症状，适当地防治病虫和浇水；拔除严重危害的植株，并更换受除草剂污染的土壤；谨慎使用除草剂。

第三节　月季常见虫害

（一）蚜虫

1. 发病特点

月季蚜虫中较为常见的为长管蚜，月季的花梗、叶子以及花蕾等部位都会被蚜虫侵害，其口器刺破枝叶表面，获取内部汁液，使受害部位表现无花少花、长势衰弱以及皱缩卷曲等症状。在此过程中，蚜虫携带细菌病毒进行传播，增加了各种病害的侵染概率，常见的可引起煤污病和病毒病的发生。月季长管蚜具有快速繁殖的特点，通常一年可以繁殖 10 代左右。

2. 防治技术

可喷洒 10%吡虫啉可湿性粉剂 2 000～2 500 倍液或 5%溴氰菊酯乳油 3 000 倍液、3～5 波美度石硫合剂进行防治。当虫害发生面积较大时，应将 25%乙硫苯威（灭蚜威）1 000 倍液喷洒在月季的受害部位。

（二）红蜘蛛

1. 发病特点

红蜘蛛是月季虫害治理的难点。红蜘蛛体长通常小于 1 毫米，用肉眼只能看到红色的斑点，当其大量聚集时才能被发现。红蜘蛛具有较强的繁殖能力，通常繁殖一代仅需 5～7 天，每年能繁殖十几代，且会在月季植株根部的落叶和土壤中附着越冬，春季继续繁殖。每年 7—8 月是红蜘蛛为害的高峰期。红蜘蛛通常会将网结在叶背上，并将口器伸入月季叶片中吸取养分，月季叶片的叶绿素会不断流失，叶片表面出现灰黄褐色的斑点，严重时会导致月季叶片脱落。红蜘蛛会使月季中的养分大量丢失，影响植株生长，花朵萎缩，最后导致整个植株死亡。

2. 防治技术

可使用 5%哒螨灵 4 500 倍液、1.8%齐螨素 6 000 倍液、克螨特乳油 2 500～3 000 倍液、1.8%阿维菌素乳油 1 000 倍液进行喷洒处理。在杀虫剂喷洒过程中，应以叶片背面为中心进行喷洒。虽然三唑锡可以有效防治红蜘蛛，但是也会对一些月季品种产生药害，应慎用。

（三）蓟马

1. 发病特点

蓟马属于缨翅目，其具有锉吸式口器，可对月季皮质层造成破坏。在月季盛花时期，蓟马会从月季花瓣中获取养分。由于其具有怕光的特性，通常会昼伏夜出，因此在初期不易被发现，待危害较重时，花瓣会出现褐色斑点，并呈现卷曲状，最终枯萎，严重的还会导致整株死亡。在非开花期以及花期，蓟马危害的部位也不一样，其可在嫩叶和花瓣之间任意转移，也可以使月季顶端枯死，蓟马在吸收叶背的营养时，还会排泄出褐色物质，导致叶背中脉两侧出现灰白褐色条斑，产生褶皱和变形卷曲。蓟马在湿度为 40%～60%、温度为 23～28℃的条件下最为活跃，每年 5—10 月为蓟马为害的高峰期。

2. 防治技术

蓟马善于飞跳且经常在傍晚活动，极易在盛开的花瓣中寄生，施药无法将其全部灭杀，因此当发现花瓣受害时，应及时将其摘除并进行销毁。使用的药剂有 2.5%溴氰菊酯乳油 2 000 倍液、1.8%阿维菌素乳油 3 000～5 000 倍液和 50%杀螟松乳油 1 000 倍液。每 7 天喷洒 1 次，连续喷洒 1 个月。为了提高施药效果，应在蓟马最活跃的时期进行药剂喷洒。

（三）其他预防病虫害方法

1. 合理修剪

为了对月季病虫害进行更加有效的防治，可以选择加强修剪的方式进行间接防治。该处理方式不但可以减少病虫害的来源，改善月季的光照和通风条件，还可以使病茎上的病原得到根除，达到抑制病害的目的。在修剪过程中，应保证月季伤口愈合速度及其观赏性，应选择在晴朗的清晨进行修剪。在修剪过程中，在高 30～40 厘米的位置处预留 3～5 个健壮的分枝。在对开花期的月季进行修剪时，应对花枝 1/2 位置进行处理，清除病弱枝条、无花无叶枝条、内交叉枝条以及密度较大的枝条，确保其开花效果。同时，为了便于伤口愈合，可使用甲基硫菌对修剪口进行药剂喷洒，防止出现伤口二次感染的状况。修剪过程中，要对病叶和落叶进行及时清扫、处理，不可乱堆乱放，防止病虫害转移到其他月季植株上。

2. 合理密植

合理控制月季种植密度，可以确保透光性和通风性，通常每平方米种植的植株小于 12 株。为确保其观赏性，还应根据其生长习性等进行种植设计。如月季喜光，在阴暗的地方种植会因缺光出现植株细弱无力、花型小等问题。

3. 检疫消毒

在选苗时，使用单位应严格进行月季检疫，防止植株携带病虫害。在种植过程中，应提前半个月对定植土进行处理。先使用 1∶50 的福尔马林溶液对定植土进行处理，并使用塑料薄膜覆盖 7 天，再进行自然风干处理。在定植之前，应先使用生根水对种苗根部进行浸泡处理，可以使用 1%硫酸铜溶液浸泡 3～5 分钟，或 500～1 000 万单位（1 万单位为 10 毫克）的链霉素溶液浸泡 30 分钟，防止根部带菌。

第五章

月季立体绿化园艺产品

第一节　立体绿化园艺产品概况

一、立体绿化园艺产品简述

（一）立体绿化园艺产品的概念

立体绿化园艺产品是指采用园林艺术手法辅以园艺技术，以优良藤本月季品种为主要造景材料，通过盘扎在具有移动性、实用性的专用立体园艺用具上，在适宜的月季专用肥中，展现多年生植物的观赏和生态价值，研发出可用于装饰室内环境、美化私家庭院以及提升园林内涵的观赏园艺新产品。产品类型按照用途可分为三类：室内装饰产品、私家庭院产品和园林用文创产品。

（二）立体绿化园艺产品的特点

“速”：立体绿化园艺产品是通过园艺造景技术，将藤本月季精致苗木盘扎在精致园艺用具上营造而成的，其专用园艺用具有轻便、可移动、拆装简单的特点，使得产品在各种场合应用均可快速成景。

“优”：本产品的苗木是造景专用月季品种，优良无性系，标准化生产而得，将这种专用苗木栽培在精心设计的园艺用具上，经精心养护，可形成优美景观。除此之外，立体绿化园艺产品能够充分利用三维空间，迅速形成一片完美的景观，让人眼前一亮，完全迎合了现代化城市快速的发展。

“灵活”：立体绿化园艺产品可以充分发挥创造者的灵活性。其以花架用具为载体，构成立体绿化园艺产品的基本骨架，再在骨架的基础上，添加搭配各种花材来实现塑造各种景观。

二、立体花架研究进展

现代花架分为两大类，一类是室内花架，另一类是室外花架。室内花架在室内陈设中是一种美化环境的家具，用来分隔空间，既具有实用功能，又能凸显主人高雅的品位。宋元时期花架被称为花儿，花儿逐渐受到人们的喜爱，其生产数量开始增多，多是细高造型。到清中期逐渐流行，清中期以后，花儿的造型融入了鲜明的时代特点和地方特色。晚清至民国时期出现超高花儿。

室外花架起源于葡萄架、篱笆、栅栏等用于植物攀附的木制品。在雍正《十二美人图》之持表对菊中，就有用木质（或许是竹质）的花架来固定菊花。晚清时期以方形居多，常陈设厅堂四角，多用来放置花盆。

室外花架的发展极为迅速，款式各种各样，可运用于各种不同场所。典型的花架形式有：①廊式花架。这是最常见的形式之一，片版支承于左右梁柱上，游人可入内停憩。这类花架较多运用于游园、花园等地，有较好的遮阴功能。②片式花架。这种花架与廊式花架顶部造型相似，但下部只有一排立柱，比廊式花架用料少一些，一般来说没有廊式花架结构稳固。③独立式花架。以各种材料作空格，构成墙垣、花瓶、伞亭等形状，用藤本植物缠绕成型，供观赏用。这种花架体量小，占地空间小，没有遮阴避暑的功能，经常安置于庭院中，有时当作庭院的栅栏来用，有较强的装饰功能。

三、立体绿化园艺产品开发流程

立体绿化园艺产品开发流程如图 5-1 所示。

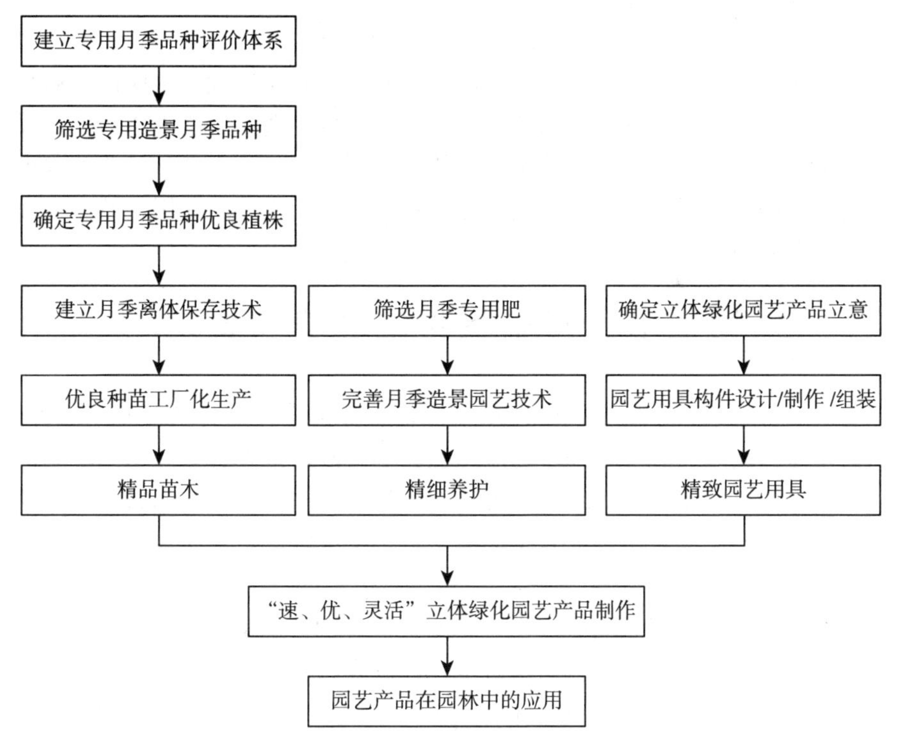

图 5-1 立体绿化园艺产品开发流程

研发生产立体绿化园艺产品，关键步骤如下。

（1）精品苗木的获得

首先，在田间实验中，运用团队所建立的专用月季品种评价体系（正在申报专利），根据藤本月季品种的田间性状，筛选出适用于本产品的专用月季品种；其次，从中筛选出最优母株，采用离体保存技术，确保专用品种无性系的优良特性，以及材料无污染、无病虫害；最后，利用种苗工厂化生产技术，确保产品所用种苗品质优良，性状一致。

（2）精细养护技术的建立

首先，在田间筛选出促生、促花月季专用肥，并加以应用；其次，通过不断优化、完善月季造景园艺技术，对各种月季进行造型设计；最后，调控月季花期，以提高产品造景效果。

（3）精致园艺用具的设计或制作

首先，通过观察立体绿化园艺产品的应用环境，确定它的立意；在软件中设计出园艺用具的框架以及细节图，根据设计图纸制作用具的模型，并优化细节；其次，利用环保、无污染的新材料、新技术制作轻便、结实的精致专用园艺用具，从而可在园艺用具中进行藤本月季的栽培和造景。

（4）“速、优、灵活”立体绿化园艺产品的制作

将专用月季精品大苗使用月季专用肥栽植到具有移动性、实用性的精品园艺用具中，采用园艺技术，辅以艺术手法，进行植物造景及精细化养护，最终制作出可安装拆卸、快速成景的单个立体绿化园艺产品。本产品可单独或组合在室内、庭院和园林中使用，该制作方式不但拓展了本产品应用领域，也提升了该产品在园林应用中的地位。

第二节　月季品种的收集与鉴定

月季品种繁多，全世界现代月季品种有 2 万多个。随着品种的不断进化，加之蔷薇属植物芽变和突变产生新品种的频率较高，现在许多月季品种的形态特性较之以前已有很大差异。这种不清楚原始品种与现代月季的亲缘关系的情况，不单单给原始品种与现代月季的杂交育种带来限制，更是阻碍月季的品种推广、园林应用等。

我国地域辽阔，气候类型多样，蔷薇属植物，特别是蔷薇的野生种质资源较为丰富。植物品种分类是植物遗传多样性研究的基础，对植物育种、栽培和应用均有重要的指导作用，通过种质资源的引种和分类可以明确品种间的亲缘关系，为育种提供有力的依据，并能够对资源进行合理的评估、保护和利用。本书首先对月季品种进行引种汇集，通过形态学分类法、二元分类法，对月季品种进行系统的分类，为以后的育种、品种推广及本实验后续的品种评价、园

林应用提供依据。

一、实验材料

材料来源于本实验室收集的10种藤本月季：欢笑格鲁吉亚、雀之舞、薰衣草花环、无刺野蔷薇、KORtemma、瑞典女王、藤本樱霞、安吉拉、哈德福俊、藤本小女孩，均为一年生植株。

二、实验方法

（一）调查与收集方法

1. 月季品种的收集

（1）普查与收集

本研究根据我国人民的喜好，利用图书馆、知网和各大月季网站等多方面途径全面收集花量大、花色纯的月季品种。所搜集100种月季多为藤本月季，分为红、紫、粉、橙等七个色系。

（2）典型性收集

整理分析各月季品种特点，根据藤本植物在立体绿化中的应用特点及立体绿化园艺产品营造对藤本月季生物学特性的需求，从所收集品种中筛选出40种具有典型性状的月季。典型性状包括：花量大、枝条柔韧性强、蔓生性强、具有四季开花能力、抗病虫害能力强等。根据最终鉴定结果，本研究最终确定收集了10种具有典型性状的藤本月季，并种植于南阳师范学院西区月季园。

2. 形态特征的调查

月季品种繁多，与原种蔷薇的杂交频率高、芽变频率较高，使月季品种间的亲缘关系复杂难辨。且我国目前尚缺乏统一的分类和译名准则，导致各地月季分类、品种名称较为混乱，“同名异物”或“同物异名”的情况不少，致使在月季品种鉴定、新品种培育、生产应用等方面难度增大。因此，本研究对收集的10种藤本月季资源进行整理、分类和评价，使其在立体花架园艺产品的研发及其他应用过程中，能够合理利用。为了对这些月季品种资源进行科学合理的分类与评价，本研究对10种藤本月季的形态特征进行全面细致的调查记录，采用形态学分类的方法对其进行比较、分类与评价，为育种资源利用及园林应用提供理论参考。

（1）月季品种网络形态学特征调查

本研究通过对互联网各大月季网站、期刊文献、图书专著等广泛收集10种藤本月季的资料信息，加以分析和整理，对各月季品种的形态特征，与田间实验收集的各月季品种的形态特征进行比对，对10种藤本月季进行初步鉴定，为后续品种的园林应用奠定基础。

(2) 月季品种田间形态特征的调查

本研究以月季品种观赏性性状为主要调查对象，通过阅读搜集大量文献资料及权威著作如《中国月季》《中国高等植物图鉴》《中国植物志》《景观园林植物图鉴》等对月季品种的生物学特性、物候特征和分布区气候条件进行了全面理解和掌握，编制月季品种资源调查表。

从2021年春季开始对本实验室收集的10种藤本月季进行调查。各品种均一年生，随机选择各品种植株进行挂牌标记，每种月季10株。按照月季品种资源调查表的内容和要求，对各标记品种的植株进行观察、测量与记载，同时拍摄标记植株的全株、花枝、茎秆、叶片、花蕾、花朵等各部位清晰照片若干。此后经过为期1～2年（2021年春、2022年春）的复察记录，确保各品种单株的表型性状具备一定的稳定性、一致性及特异性。

依据月季品种资源调查表，初步确定对以下指标进行调查：生长势、枝姿、枝条颜色、皮刺有无、叶片大小、叶柄长、叶形、叶质、叶色、叶是否被毛、托叶形状、初花期、花期、花色、花梗长度、花径、单重性、花瓣形状、花丝颜色、花萼类型、花蕾形状、花梗长短等，并对每个样品的花、茎、叶、刺等进行拍照记录。

各月季品种形态学性状的收集主要在春季盛花期进行，各植株性状指标的取样均在同一方位、同一部位，力求典型、标准一致，测定好后，记录数据。首先是调查记录长势、枝姿、枝刺有无、叶形、叶色、叶质、叶是否被毛、托叶形状、初花期、花期、花色、叶缘齿类型、枝条的颜色、花梗被刺与否、花萼类型等；其次对叶片大小、皮刺多寡、花径、花梗长度等各个指标用游标卡尺进行详细测定。其中叶片大小包括小叶长和小叶宽，以测量顶端小叶为主，于盛花期同一天进行测量，每个品种随机取5株，每株随机取2个顶端小叶，用卷尺分别测其长和宽，求均值。花径、花梗长度等测量方法与叶片大小相同。每份资源的调查结果详细记录在月季品种资源调查表中，并拍照记录。

（二）鉴定评价

1. 鉴定评价地点

将收集到的10种藤本月季于2020年种植于南阳师范学院西区月季园。所选试材为10个月季品种的一年生扦插苗，每个月季品种种植10株。

2. 鉴定评价方法

(1) 月季品种图鉴对比

通过对10种藤本月季品种的实地调查记录、比较其形态特征，并编制月季品种分类鉴定图谱和检索表。在全面掌握月季生物学特征的基础上，与各大月季网站上的月季种类图片、图书及其性状特征描述相比对以达到鉴定目的。

（2）专家核查鉴定

网络图鉴与田间鉴定对比后，完成10种藤本月季的初鉴。由月季种质资源鉴定评价方面的专家进行鉴定审核，确定最终鉴定结果，为后续实验及藤本月季在立体绿化园艺产品中的应用奠定基础。

三、结果与分析

（一）月季品种资源的收集

在查阅资料和调查的基础上，对适合营造立体绿化园艺产品的月季品种进行筛选，根据藤本植物在立体绿化上的应用特点及藤本月季的生物特性，本实验室最终确定10种藤本月季为研究对象。所收集10种藤本月季为：欢笑格鲁吉亚、雀之舞、藤本樱霞、薰衣草花环、无刺野蔷薇、瑞典女王、KORtemma、哈德福俊、安吉拉、藤本小女孩（表5-1）。

表5-1 10种藤本月季来源

品种名称	材料来源	苗龄	繁殖方式	种植时间、地点
欢笑格鲁吉亚	天狼月季集团	一年生	扦插	2020年5月、南阳师范学院西区月季园
雀之舞	天狼月季集团	一年生	扦插	
藤本樱霞	天狼月季集团	一年生	扦插	
薰衣草花环	南阳月季集团	一年生	嫁接	
无刺野蔷薇	南阳月季集团	一年生	实生	
瑞典女王	南阳月季集团	一年生	扦插	
KORtemma	南阳月季基地	一年生	扦插	
哈德福俊	南阳月季集团	一年生	嫁接	
安吉拉	南阳月季集团	一年生	嫁接	
藤本小女孩	南阳月季集团	一年生	嫁接	

（二）月季品种的分类鉴定

1. 月季品种的网络形态特征

10种藤本月季的网络形态特征如表5-2所示。

表5-2 10种藤本月季网络形态特征

编号	品种名称	网络形态特征
1	欢笑格鲁吉亚	柠檬香，多刺，花瓣中心深黄色杯状形式，外层花瓣逐渐回落，并变浅。花径8厘米，重瓣，多季重复开花
2	雀之舞	多季开花，花亮紫红色，母本月月红，父本葡萄园之歌，花径4厘米

（续）

编号	品种名称	网络形态特征
3	藤本樱霞	大藤本，重瓣，花色粉色，花径6厘米，多季开花
4	薰衣草花环	藤本，枝条较细，无刺，花色淡紫色，花径6厘米，重瓣，多季开花
5	无刺野蔷薇	攀缘灌木；小枝圆柱形，花多朵，排成圆锥状花序，花径1.5～2厘米，花瓣白色，宽倒卵形
6	瑞典女王	直立性强，花色浅粉色，花径8厘米，重瓣杯状花形，多季重复开花
7	KORtemma	藤本，多季开花，重瓣，花红色，高度2～3米，花径3～4厘米
8	哈德福俊	叶繁茂，匍匐生长，花色胭脂粉，花径2厘米，群花开放
9	安吉拉	半直立少刺，枝条粗壮，浓密，叶中绿色，有光泽，花色粉红色，簇状开放，花径2～3厘米
10	藤本小女孩	藤本月季，枝条柔软，花色红色，重瓣，背面白色，黄色花蕊，花径2～3厘米

2. 月季品种形态学分类

（1）欢笑格鲁吉亚

识别要点：藤本，多刺。聚伞圆锥花序，花萼5，具羽状裂片。千重瓣，边缘白色，四心莲座状，芳香。

藤本，株型直立，老枝绿色，嫩枝红色，多皮刺；皮刺短扁，散生或对生，浅黄色，基部膨大，尖端有钩。小叶5～7片，稀3，连叶柄长10～15厘米；小叶片卵圆形，长6～7厘米，宽3～4厘米，叶革质有光泽，先端渐尖，叶基部圆钝，边缘有尖锐粗锯齿，上面绿色，无毛，叶脉下陷，下面淡绿色，中脉突起，网脉明显，叶轴和叶柄具腺体和钩状小皮刺；托叶多贴生于叶柄，边缘具腺状短柔毛，离生部分三角形。聚伞圆锥花序，花径8厘米，花梗长4厘米，具腺体；花萼5，萼片长圆状，背面具腺状短柔毛，腹面密被白色绒毛，具1～2对羽状裂片；花千重瓣，黄色，边缘白色，瓣圆阔形，花型为四心莲座状型，芳香。长势强健，适用于花篱、花墙、花柱等（图5-2）。

（2）雀之舞

识别要点：藤本，皮刺散生或对生，常混生细密刺。花萼5，具少量羽状裂片。圆锥花序，花半重瓣，初开玫红色，后期呈紫黑色，花蕊白色，花型杯状，芳香。

藤本，株型扩张，枝条绿色，有成对或散生稀疏、短扁而稍弯曲、黄褐色皮刺，常混生细密刺。小叶5～7片，稀5，连叶柄长11～14厘米；小叶片卵状披针形，长5～6厘米，宽2～3厘米，嫩叶红色，老叶中绿色，革质，有光

图 5-2 欢笑格鲁吉亚

泽，先端渐尖，叶基部圆钝，边缘有尖锐锯齿，叶轴和叶柄具稀疏腺体和直立或弯曲的小皮刺；托叶多贴生于叶柄，边缘具腺，离生部分披针形。苞片披针形，先端尾状渐尖或呈叶状，边缘有腺体。圆锥花序，花径 4～5 厘米，花梗长 3～4 厘米，具腺体；花萼 5，萼片卵状，背面具白色和腺状短柔毛，腹面密被白色绒毛，具少量羽状裂片，先端渐尖；花半重瓣，深紫红色，花蕊白色，瓣圆阔形，花型为杯状，清香。长势强健，适用于花篱、花架、拱门、景观设计等（图 5-3）。

图 5-3 雀之舞

（3）藤本樱霞

识别要点：藤本，多皮刺。聚伞圆锥花序。花萼 5，稀羽状裂片。花半重瓣，花开初期深粉，后期渐变呈浅粉，白色背面，花蕊黄色，花型为平瓣盘型，清香。

藤本，株型扩张，老枝绿色，嫩枝红略带绿，皮刺多，散生或对生，斜直而基部膨大，呈椭圆形，嫩刺红色，老刺黄色乃至褐色。小叶 3～7 片，连叶柄长 10～15.5 厘米；小叶片长卵形，长 5～6 厘米，宽 3～3.5 厘米，叶片革质，有光泽，先端渐尖或急尖，叶基部圆钝，边缘具尖锐锯齿。聚伞圆锥花序，花径 5～6 厘米，花梗长 3～4 厘米，密被腺体；叶轴和叶柄密被腺状短柔毛，具细小钩状皮刺；托叶多贴生于叶柄，向顶部不扩展，离生部分呈狭披针形，边缘梳状，具腺。苞片披针形，先端渐尖，边缘有腺状锯齿。花萼 5，宿萼，萼片卵状披针形，背面密被腺状短柔毛，腹面密被白色绒毛，稀羽状裂片，先端渐尖；花半重瓣，花开初期深粉，后期渐变呈浅粉，白色背面，多头成片开放，花蕊黄色，瓣形圆阔形，先端微凸，边缘微反卷，花型为平瓣盘型，清香。长势强健，适用于花篱、花架、装饰阳台和花园等（图 5-4）。

图 5-4　藤本樱霞

(4) 薰衣草花环

识别要点：藤本，皮刺少，近无刺。花萼 5，全缘。花重瓣，蓝紫色，花蕊黄色，卷边盘状，不香。

藤本，株型直立，枝条绿色，皮刺稀少，近无刺。小叶 5～7 片，稀 3，连叶柄长 9～13 厘米；小叶片卵圆形或长卵形，长 4～6 厘米，宽 2～2.5 厘米，叶片革质，有光泽，先端渐尖，叶基部圆钝，边缘具宽锐锯齿，齿尖常有腺。聚伞圆锥花序或伞房花序，花径 5 厘米，花梗长 3 厘米，密被白色短绒毛；叶轴和叶柄具白色短柔毛和少量腺体；托叶多贴生于叶柄，离生部分三角形，先端渐尖，边缘有腺状锯齿。花萼 5，萼片卵状披针形，背面具少量白色短绒毛，腹面密被白色绒毛；花重瓣，蓝紫色，花蕊黄色，瓣形倒卵形或近圆形，花型为盘状，不香。长势强健，适用于花篱、花架、装饰阳台和花园等（图 5-5）。

图 5-5　薰衣草花环

(5) 无刺野蔷薇

识别要点：藤本，无皮刺，小叶 5～9 片。花萼 5，有羽状裂片。伞房或圆锥花序。花单瓣，白色，花蕊黄色，花型盘状，芳香。

藤本，株型扩张，枝条绿色，无皮刺。小叶5～9片，连叶柄长7～8厘米；小叶片长卵形，叶长4～5厘米，叶宽2～2.5厘米，叶片纸质，无光泽，先端急尖，叶基部近圆形，边缘有尖锐单锯齿，上面无毛，下面柔毛；伞房或圆锥花序，花径2厘米，花梗长1～2厘米，密被白色短绒毛；叶轴和叶柄具白色柔毛，无腺体；托叶篦齿状，多贴生于叶柄，离生部分披针形，先端急尖，边缘有腺体。花萼5，萼片卵状披针形，有羽状裂片，花开后萼片反折，背面具少量白色短绒毛，腹面密被白色绒毛；花单瓣，白色，花蕊黄色，花瓣倒卵形，花型盘状，芳香。长势强健，适用于花篱、花架、装饰阳台和花园等（图5-6）。

图5-6　无刺野蔷薇

（6）瑞典女王

识别要点：直立灌木，散生或对生皮刺。小叶近圆形。花萼5，有羽状裂片。花序单生或伞状。花重瓣，初期深粉，后期浅粉，花蕊黄色，花型杯状，清香。

藤本，直立性强，枝干粗壮，老枝绿色，散生或对生直立而基部膨大、黄褐色皮刺，嫩枝红略带绿，近无刺，稀嫩枝密被锥形正刺。小叶5～7片，连叶柄长10～14厘米；小叶近圆形，长4厘米，宽3厘米，半革质，半光泽，先端圆钝或急尖，叶基部近圆或楔形，边缘具浅细锯齿，微向下翻卷。花序单生或伞状，花径6～7厘米，花梗长3～4厘米，密被腺体；叶轴和叶柄密被腺状短柔毛，具细小钩状皮刺；托叶多贴生于叶柄，向顶部不扩展，离生部分呈狭披针形，边缘有腺状锯齿。花萼5，宿萼，萼片卵状披针形，背面密被白色腺状短柔毛，腹面密被白色绒毛，1～2对羽状裂片，先端渐尖；花重瓣，花开初期深粉，后期浅粉，花蕊黄色，瓣形圆阔形，边缘微反卷，花型为杯状，清香。长势强健，抗病性强，适用于生产切花、园林景观地栽、大盆栽种植观赏等（图5-7）。

图 5-7　瑞典女王

(7) KORtemma

识别要点：藤本，无皮刺，小叶 5～7 片。花萼 5，少量羽状裂片。伞房或圆锥花序。花半重瓣，正红色，花蕊黄色，花型卷边盘状，不香。

藤本，株型紧凑直立，枝条绿色略带红，无皮刺。小叶 5～7 片，连叶柄长 10～11 厘米；小叶片卵形或长卵形或卵状披针形，叶长 3～4 厘米，叶宽 1.5～2 厘米，叶片半革质，有光泽，先端渐尖，叶基部近圆形，边缘有浅细单锯齿；伞房花序，花径 2～3 厘米，花梗长 2～3 厘米，近光滑；叶轴和叶柄具少量腺体，具细小钩状皮刺；托叶多贴生于叶柄，近无，离生部分狭披针形，先端急尖，边缘具少量腺体。花萼 5，萼片长卵形或三角形，有少量羽状裂片，花开后萼片反折，背面具少量白色短绒毛，腹面密被白色绒毛；花半重瓣，正红色，花蕊黄色，瓣形圆阔形，花型为卷边盘型，不香。长势强健，适用于花篱、花架、装饰阳台和花园等（图 5-8)。

图 5-8　KORtemma

(8) 哈德福俊

识别要点：地被月季，匍匐蔓生。皮刺散生或对生，聚伞圆锥花序，花单瓣，胭脂粉色，花蕊白色，瓣形圆阔形，边缘微反卷，花型为平瓣盘型，清香。

地被月季，匍匐型扩张蔓生，株型紧凑，老枝绿色，嫩枝略带红，皮刺散生或对生，斜直或弯曲，细、硬，基部呈椭圆形，嫩刺红色，老刺黄色乃至褐色。小叶3～7片，连叶柄长7～10厘米；小叶片卵圆形，长4～5厘米，宽3～4厘米，叶片革质，有光泽，先端圆钝，叶基部近圆形或楔形，边缘具尖锐锯齿。聚伞圆锥花序，花径4厘米，花梗长2～3厘米；叶轴和叶柄具少量腺体；托叶多贴生于叶柄，向顶部不扩展，离生部分呈三角形，先端渐尖，边缘梳状，具腺。苞片披针形，先端渐尖，边缘有少量锯齿。花萼5，宿萼，萼片长卵形，背、腹面均密被白色绒毛，先端渐尖；花单瓣，胭脂粉色，花蕊白色，瓣形圆阔形，边缘微反卷，花型为平瓣盘型，清香。长势强健，适用于城市规划、园林绿化、公园美化、庭院种植、环城道、花坛、花圃，也可用于盆栽、地被、花篱（图5-9）。

图5-9 哈德福俊

(9) 安吉拉

识别要点：藤本，皮刺稀少，近无刺。聚伞圆锥花序，花半重瓣，花玫瑰粉红色，中心色淡，花蕊粉红色，花型为卷边盘型，清香。

藤本，老枝绿色，嫩枝略带红，皮刺稀少，近无刺。小枝有细小针刺和腺毛，老枝密被黄褐色钩状针刺。小叶3～5片，稀7，连叶柄长8～12厘米；小叶片卵圆形，长4～5厘米，宽3～4厘米，叶片革质，有光泽，先端渐尖，叶基部楔形或宽楔形，边缘具尖锐锯齿。聚伞圆锥花序，花径4～5厘米，花梗长3～4厘米，密被腺状短绒毛；叶轴和叶柄具白色短柔毛和少量腺体；托叶多贴生于叶柄，离生部分三角形，边缘有小锯齿，齿尖具腺。花萼5，萼片卵状披针形，背面具白色绒毛和少量腺状绒毛，腹面密被白色绒毛，先端渐尖；花半重瓣，花面玫瑰粉红色，中心色淡，花蕊粉红色，瓣形长卵形，花型为杯状，清香。长势强健，适用于公园美化、工程绿化、布置走廊、围墙、庭院绿化、盆栽、花坛、花园切花、阳台等（图5-10）。

(10) 藤本小女孩

识别要点：藤本，皮刺散生。圆锥花序，花半重瓣，红色，花蕊绿色，花型卷边盘型，不香。

藤本月季，株型直立，枝条有韧性，老枝绿色，嫩枝略带红，皮刺散生，斜直或直立，基部呈椭圆形，嫩刺红色，老刺黄褐色。小叶5～7片，

图 5-10　安吉拉

连叶柄长 11～15.5 厘米；小叶片卵圆形或长卵形，长 4～5 厘米，宽 2～3 厘米，叶片革质，有光泽，先端渐尖或急尖，叶基部圆钝或楔形，边缘具尖锐锯齿。叶轴和叶柄具腺状短绒毛和少量钩状皮刺；托叶多贴生于叶柄，向顶部不扩展，离生部分呈三角形，先端渐尖，边缘有腺状锯齿。圆锥花序，花径 6 厘米，花梗长 3 厘米；苞片披针形，先端渐尖，边缘有少量锯齿。花萼 5，宿萼，萼片长卵形，背、腹面均密被白色绒毛，先端渐尖，尾状；花半重瓣，红色，花蕊绿色，瓣形圆阔形，边缘微反卷，先端微凸有尖，花型为卷边盘型，不香。长势强健，适用于花篱、花架、花墙、花柱及园林园艺造型等（图 5-11）。

图 5-11　藤本小女孩

3. 品种体系

（1）品种分类依据

在月季的生态习性中，对月季品种鉴别有重要作用的特征包括：开花习性、灌丛类型、枝条形态、花器官特征类型及其他可以利用的形态生理指标。本研究参考陈俊愉先生、周家琪先生提出的花卉品种二元分类体系，提出月季的分类首先应建立在种型的基础之上，也就是品种的来源。

（2）品种分类标准

①株型是第一级标准。在我国的梅花、荷花、桃花等的品种分类中，均将种源作为第一级分类标准。因此在本研究中首先区分出月季的种性是否纯正。

②枝型是第二级标准。枝型是营养器官主要的观赏性状，也是非常显著的观赏性状。参考其他名花的分类（梅花、桃花等），也大多以枝型作为第二级标准。

③花型是第三级标准。花是观赏植物主要的观赏器官，其形状、颜色、大小自然成为品种分类的主要标准。同时，与营养器官相比，生殖器官的形态更为保守、更加稳定。但花型、颜色、花的大小等性状的重要性还需要重新讨论。瓣性是指花瓣数目的多少，有花瓣增生、雌雄蕊瓣化、花朵叠生等多种起源，也有栽培条件的差异。瓣型主要指单片花瓣的皱、卷、裂等形状的差异。花型则是重瓣性和瓣型的综合表现，而以重瓣性为主要表现特征。从我国月季品种演化的角度来看，月季野生种是单瓣的，而其栽培品种是复瓣或重瓣的。由此看来，若从月季花型演化即单瓣—复瓣—重瓣的角度来看，月季品种分类第三级标准应以花型为主。

（3）品种检索表

月季种系、品种分类检索表

1. 小叶片3～5，稀7；萼片全缘或有少数裂片；花色丰富，多季开花……………………… Ⅰ月季种系
 2. 茎呈藤状或匍匐状
  3. 植株稀少近无刺或无刺
   4. 老枝绿色，嫩枝略带红
    5. 聚伞圆锥花序，花玫瑰粉红色，半重瓣，花蕊粉红色……………………………… 安吉拉
     6. 老刺黄褐色，常混生细密刺；皮刺中等；花初开深玫红色，后期紫黑色，杯状型，花蕊白色，香……………………………………………………………………………… 雀之舞
      7. 花萼5，萼片长卵形，聚伞圆锥花序，花胭脂粉色，单瓣，花蕊白色，轻香 ………………………………………………………………………………………………… 哈德福俊
       8. 聚伞圆锥花序；花半重瓣；花型平瓣盘型；花开初期深粉，后期渐变呈浅粉，白色背面，花蕊黄色…………………………………………………………………… 藤本樱霞
       8. 聚伞圆锥花序或其他花序；花千重瓣；花四心莲座状型；花黄色，芳香…………………………………………………………………………………………… 欢笑格鲁吉亚
      7. 花萼5，萼片具羽状裂片，圆锥花序；花半重瓣，红色，花蕊绿色，不香 ………………………………………………………………………………………… 藤本小女孩
     6. 老刺黄褐色，不具细密刺
    5. 伞房或圆锥花序，花正红色，半重瓣，花蕊黄色…………………………………… KORtemma
   4. 枝条绿色，聚伞圆锥花序或伞房花序；花蓝紫色，重瓣…………………………… 薰衣草花环
  3. 植株有散生或对生皮刺
 2. 茎呈直立灌木状，花杯状；单生或伞状花序，花开初期深粉，后期浅粉，重瓣，花蕊黄色，清香……………………………………………………………………………………… 瑞典女王
1. 小叶片5～9，稀3；萼片常羽裂稀全缘；花色单一，多一季开花，花多成伞房状花序…………………………………………………………………………………………………… Ⅱ蔷薇种系

伞房或圆锥花序，单瓣，白色，花蕊黄色，瓣形倒卵形，花型为盘状，芳香 ……………… 无刺野蔷薇

本研究以月季品种观赏性状为主要研究对象，花、叶等是最关键的部分。除此之外，对叶锯齿、腺点、托叶、枝色、具毛与否等进行鉴定和分析有很多助益。

利用形态学分类法及二元分类法，对所收集数据进行归纳整理，编制10种藤本月季品种图谱与检索表，与各大月季网站、专著文献资料所记载的10种藤本月季图鉴进行对比鉴定，最后进行专家鉴定，最终确定研究10种藤本月季品种：欢笑格鲁吉亚、雀之舞、薰衣草花环、瑞典女王、藤本樱霞、安吉拉、哈德福俊、藤本小女孩、无刺野蔷薇、KORtemma。

本实验将所收集的藤本月季分为月季种系和蔷薇种系，其中只有无刺野蔷薇属于蔷薇种系，其他属于月季种系。本次收集的月季资源色彩丰富，为本实验后续研究提供了充足的材料，奠定了实验的基础。

第三节　专用月季综合评价体系

一、立体花架月季综合评价体系

（一）实验材料

评价材料为本实验室收集到的10种藤本月季一年生植株，每个品种随机选取10株，于2021年春季（3月）开始进行生物学特性观察和实验。10种藤本月季品种为：欢笑格鲁吉亚、雀之舞、薰衣草花环、无刺野蔷薇、KORtemma、瑞典女王、藤本樱霞、安吉拉、哈德福俊、藤本小女孩。

（二）实验方法

本实验通过运用层次分析法（Analytic Hierarchy Process，简称AHP），根据立体花架用月季的观赏特点，藤本植物在立体花架中的应用性状特点，《花卉质量等级评价标准》和《植物新品种特异性、一致性和稳定性的测试指南　蔷薇属》等标准，听取专家意见、经集体讨论从20个观赏性状：枝条柔韧性、花色、花径、花型、重瓣型、叶质、盛花期、生长势等中，筛选出与立体花架用月季综合评价关系较为密切的两个类别12个测试性状作为评价指标，并依照其相互关系建立递阶层次结构评价模型和5分制评价模型的评分标准。

1. 立体花架用月季生长性状的测定

立体花架用月季生长性状包括：*P*1枝条柔韧性（度），*P*2皮刺多寡（个），*P*3花枝长度（米），*P*4四季开花能力，*P*5生长势（米），*P*6抗病虫害能力。

*P*1枝条柔韧性（度）：各个品种随机取5个植株，每个植株随机取2个粗细相近、长短相同、靠近主枝近一年生枝条。以枝条中心点为中心，将枝条固定于水平桌面，使用相同大小的拉力使枝条弯曲，直至枝条断裂，测量枝条断

裂时的弯曲角度。

*P*2 皮刺多寡（个）：每个品种随机取 10 个植株，数每个植株 5～7 节节间皮刺数目，共 10 个数据，求均值。少（皮刺数目＜10），中（10≤皮刺数目≤20），多（皮刺数目＞20）。

*P*3 花枝长度（米）：扦插苗上盆一整年时，每个品种随机选取 10 个植株，用卷尺测量各个植株上的最长枝条长度，求均值。

*P*4 四季开花能力：观察各品种随机选取的 10 个植株，在立春、立夏、立秋、立冬四个季节中，有无开花现象。

*P*5 生长势（米）：各品种随机选取 10 个植株并进行编号（1～10）及挂牌标记，用卷尺测量各植株此时株高，对各品种盆栽进行正常且一致的水肥控制，常规养护，不做特殊修剪，使其自然生长一年；一整年后，用卷尺测量对应编号下植株的株高，计算两者之差，求均值。

*P*6 抗病虫害能力：观测各品种随机选取的 10 个植株，是否存在病虫害感染的现象（叶片有无害虫、菌丝、菌斑、畸形，茎秆有无变黑等），记录病株数目（发病率＝总病株数目/总观测数目×100%），发病率∈(80%，100%]，抗病虫害能力弱；发病率∈(60%，80%]，抗病虫害能力较弱；发病率∈(40%，60%]，抗病虫害能力一般；发病率∈(20%，40%]，抗病虫害能力较强；发病率∈[0%，20%]，抗病虫害能力强。

2. 立体花架用月季观赏性状的测定

立体花架专用月季观赏性状包括：*P*7 花径（厘米），*P*8 花色，*P*9 单枝花量（个），*P*10 单花期（天），*P*11 花朵衰老方式，*P*12 叶片大小。

*P*7 花径：调查时期为扦插苗上盆满一年后，各品种春季的盛花期（3 月初至 5 月末）；各品种随机选取 10 个植株，各植株随机选取 1 朵完全盛开的花，用卷尺测其直径，求均值。

*P*8 花色：于盛花期，观察各品种随机选取的 10 个植株，确定其花色，花色分为两类：纯色（俯视时，花朵颜色一致）、复色（俯视时，同株月季上花朵颜色不一致或同一朵花的花瓣有两种颜色，且颜色分布不均）。

*P*9 单枝花量（个）：于盛花期，观察各品种随机选取的 10 个植株，对单株一次同时存在花量（花瓣颜色可见且未衰老/凋零的花朵/花苞）进行计数，共 10 个数据，求得的均值为单株花量（朵）。

*P*10 单花期（天）：调查时期为扦插苗上盆满一年后，各品种春季的花期（3 月初至 5 月末）；各品种随机选取 10 个植株，各植株随机选取 1 个花蕾挂牌标记，并进行连续性观测，观察其自现色期（现色期，花萼处于花蕾 1/2 处，微微可见花瓣颜色）至衰老期（衰老期，花瓣 1/4 枯萎/凋零）历经的时长。

*P*11 花朵衰老方式：调查时期为各个品种的衰老期，每个品种随机取 10

个植株，持续观察花朵花瓣枯黄、枯焦、落瓣情况，确定花朵衰老方式：枯萎型（花朵花瓣先枯焦后落瓣或不落），落瓣型（花瓣花朵未枯黄）。

*P*12 叶片大小：每个品种随机取 10 个植株，每个植株随机取 1 个顶端小叶，用卷尺分别测其长和宽，将测得的 10 个数据求均值。大叶的标准为长≥6 厘米，宽≥4 厘米；小叶的标准为长≤4 厘米，宽≤3 厘米；中叶的标准介于大小叶之间。

（三）立体花架用藤本月季综合评价评分标准

立体花架用藤本月季综合评价评分标准见表 5－3。

表 5－3　立体花架用藤本月季综合评价评分标准

性状	测定指标	分值 *X*				
		5	4	3	2	1
*C*1 生长性状	*P*1 枝条柔韧性（度）	≥270	180～269	90～179	46～89	0～45
	*P*2 皮刺多寡（个）			0～10	11～20	≥21
	*P*3 花枝长度（米）	2.1～2.5	1.6～2			0～1.5
	*P*4 四季开花能力	四季开花	三季开花	两季开花		一季开花
	*P*5 生长势（米）	≥2.0	1.6～2.0	1.1～1.5	0.6～1.0	0～0.5
	*P*6 抗病虫害能力	强	较强	一般	较弱	弱
*C*2 观赏性状	*P*7 花径（厘米）	0～3	3.1～5		5.1～7	≥7.1
	*P*8 花色	纯色				复色
	*P*9 单枝花量（个）	≥8.1		3.1～8		0～3
	*P*10 单花期（天）	≥16.1	13.1～16	10.1～13	7.1～10	0～7
	*P*11 花朵衰落方式			落瓣型	两种兼有	枯萎型
	*P*12 叶片大小		小叶		中叶	大叶

1. 层次结构的分析与建立

（1）构建层析分析模型

根据藤本月季的特性以及其应用于立体花架的特性筛选出与其有较密切关系的评价指标，并依照其相互关系建立递阶层次结构评价模型，如表 5－4 所示，模型分为 3 层，即目标层、约束层、标准层。

①目标层。该层指适宜的立体花架用月季品种。

②约束层。本层指制约和限制月季应用于立体花架的观赏价值、生产价值及利用的各种因素。本评价系统选择对月季应用于立体花架影响较大的生长性状、观赏性状两个因素作为约束层。

③标准层。该层体现上述约束层的具体评价指标。评价指标的合理选择是

综合评价的基础。本研究根据藤本植物在立体绿化的应用特性、藤本月季的生物特性及立体花架造景的特点，筛选出 12 个因素作为具体评价指标。对各指标尽量采用定量评价。

表 5-4 立体花架用藤本月季递阶层次结构评价模型

目标层	约束层	指标层
适宜的立体花架用月季品种	*C*1 生长性状	*P*1 枝条柔韧性，*P*2 皮刺多寡，*P*3 花枝长度，*P*4 四季开花能力，*P*5 生长势，*P*6 抗病虫害能力
	*C*2 观赏性状	*P*7 花径，*P*8 花色，*P*9 单枝花量，*P*10 单花期，*P*11 花朵衰老方式，*P*12 叶片大小

（2）构建比较矩阵并进行一致性检验

若两因素“同等重要”，则重要因素评分为 1；若一因素较另一因素“稍微重要”，重要因素评分为 3；若一因素较另一因素“较强重要”，重要因素评分为 5；若一因素较另一因素“强烈重要”，重要因素评分为 7；若一因素较另一因素“极端重要”，重要因素评分为 9；两相邻判断的中间值分别为 2、4、6、8。

在层次分析法中，引用 CI（consistency index）作为度量判断矩阵偏离一致性的指标，以 CI 与判断矩阵的平均随机一致性指标 RI（random index）的比值 CR（consistency ratio）作为其一致性指标，$CR=CI/RI$。RI 值可由表 5-5 查到。若 $CR<0.1$ 则认为该判断矩阵具有满意的一致性，否则需要进行调整。

表 5-5 评价随机一致性指标 *RI*

矩阵阶数	1	2	3	4	5	6	7	8	9	10
RI	0.00	0.00	0.52	0.89	1.12	1.26	1.36	1.41	1.46	1.49

$CI=(\lambda_{max}-n)/(n-1)$，（$\lambda_{max}$为最大特征值，$n$ 为矩阵阶数）；$CR=CI/RI$，查一致性检验 RI 值表可知，当 $n=6$，$RI=1.26$。表 5-6 至表 5-8 为比较矩阵。

表 5-6 比较矩阵 1

目标层	*C*1 生长性状	*C*2 观赏性状
*C*1 生长性状	1	1
*C*2 观赏性状	1	1

表 5-7 比较矩阵 2

评价指标	P1 枝条柔韧性	P2 皮刺多寡	P3 花枝长度	P4 四季开花能力	P5 生长势	P6 抗病虫害能力	权重（W_i）
P1 枝条柔韧性	1	5	3	7	6	9	0.444 1
P2 皮刺多寡	1/5	1	1/4	4	2	7	0.124 9
P3 花枝长度	1/3	4	1	6	5	8	0.275 1
P4 四季开花能力	1/7	1/4	1/6	1	1/3	5	0.048 8
P5 生长势	1/6	1/2	1/5	3	1	6	0.086 1
P6 抗病虫害能力	1/9	1/7	1/8	1/5	1/6	1	0.021 2

该比较矩阵中的 CR 值均小于 0.1，均通过一致性检验。

表 5-8 比较矩阵 3

评价指标	P7 花径	P8 花色	P9 单枝花量	P10 单花期	P11 花朵衰老方式	P12 叶片大小	权重（W_i）
P7 花径	1	4	4	5	9	2	0.386 9
P8 花色	1/4	1	1	3	8	1/3	0.129 2
P9 单枝花量	1/4	1	1	2	8	1/3	0.120 8
P10 单花期	1/5	1/3	1/2	1	7	1/5	0.069 1
P11 花朵衰老方式	1/9	1/8	1/8	1/7	1	1/8	0.020 4
P12 叶片大小	1/2	3	3	5	8	1	0.273 6

该比较矩阵的 CR 值均小于 0.1，均通过一致性检验。

（3）计算单排序向量及权重值

用 Excel 分别计算出约束层和标准层的标准化特征向量，并计算出标准层 12 个指标的权重（W_i），结果如表 5-9 所示。各指标的绝对权重值为：W_1＝0.222 1，W_2＝0.062 4，W_3＝0.137 5，W_4＝0.024 4，W_5＝0.043 0，W_6＝0.010 6，W_7＝0.193 5，W_8＝0.064 6，W_9＝0.060 4，W_{10}＝0.034 5，W_{11}＝0.010 2，W_{12}＝0.136 8。

2. 立体花架用月季的综合评价值计算

该品种的综合评价值 $A=\sum(X_i \times W_i)=(X_1 \times W_1)+(X_2 \times W_2)+(X_3 \times W_3)+(X_4 \times W_4)+(X_5 \times W_5)+(X_6 \times W_6)+(X_7 \times W_7)+(X_8 \times W_8)+(X_9 \times W_9)+(X_{10} \times W_{10})+(X_{11} \times W_{11})+(X_{12} \times W_{12})$，其中，$A$ 为综合评价值，i 为 1～12 的正整数，X_i 为各指标的分值，W_i 为各指标的权重。

表 5 - 9 立体花架用藤本月季评价指标的权重值

准则层	相对权重	指标层	相对权重	绝对权重	排序
C1 生长性状	0.5	P1 枝条柔韧性	0.444 1	0.222 1	1
		P2 皮刺多寡	0.124 9	0.062 4	6
		P3 花枝长度	0.275 1	0.137 5	3
		P4 四季开花能力	0.048 8	0.024 4	10
		P5 生长势	0.086 1	0.043 0	8
		P6 抗病虫害能力	0.021 2	0.010 6	11
C2 观赏性状	0.5	P7 花径	0.386 9	0.193 5	2
		P8 花色	0.129 2	0.064 6	5
		P9 单枝花量	0.120 8	0.060 4	7
		P10 单花期	0.069 1	0.034 5	9
		P11 花朵衰老方式	0.020 4	0.010 2	12
		P12 叶片大小	0.273 6	0.136 8	4

各月季品种均可通过上述方法计算出其特定的综合评价值 A，综合评价值 A 越高，该品种越适合于立体花架造景。

（四）结果与分析

1. 月季品种各评价指标得分

根据表 5 - 3 立体花架用藤本月季综合评价评分标准，采用 5 分制评分标准对立体花架用月季综合评价体系的各品种评价指标进行打分，其得分情况见表 5 - 10。

表 5 - 10 立体花架用藤本月季综合评价体系各品种性状得分

品种名称	生长性状						观赏性状					
	P1	P2	P3	P4	P5	P6	P7	P8	P9	P10	P11	P12
欢笑格鲁吉亚	3	1	1	3	4	3	1	1	3	5	1	1
雀之舞	4	3	4	5	5	1	4	5	5	4	1	2
藤本樱霞	3	2	1	4	4	4	2	1	5	4	1	1
薰衣草花环	4	3	1	4	4	3	2	5	3	4	1	2
无刺野蔷薇	5	3	5	1	5	1	5	5	5	2	3	4
瑞典女王	2	3	1	3	3	3	2	5	3	3	3	1
KORtemma	5	3	5	5	5	5	5	5	5	4	3	4
哈德福俊	4	3	4	4	4	5	4	5	3	4	3	4
安吉拉	4	3	5	4	5	5	4	5	5	4	3	2
藤本小女孩	4	2	5	1	4	4	2	5	3	4	3	4

2. 品种筛选结果

本实验通过对立体花架用月季品种各指标的筛选，各月季品种均可通过上述方法计算出其特定的综合评价值 A，综合评价值 A 越高，该品种越适合于立体花架造景。由表 5-11 可知，10 种藤本月季品种中，KORtemma 的综合评价值最高，为 4.684，即 KORtemma 的综合评价值 $A=\sum(X_i\times W_i)=(5\times0.2221)+(3\times0.0624)+(5\times0.1375)+(5\times0.0244)+(5\times0.0430)+(5\times0.0106)+(5\times0.1935)+(5\times0.0646)+(5\times0.0604)+(4\times0.0345)+(3\times0.0102)+(4\times0.1368)=4.684$。生长性状、观赏性状均最适用于立体花架造景。其次是安吉拉和无刺野蔷薇，综合评价值分别为 3.970 和 4.475，综合评价值最低的为欢笑格鲁吉亚，综合表现较差，各项指标低，不适用于立体花架造景。

表 5-11 立体花架用藤本月季品种综合评价排名

品种名称	生长性状得分	观赏性状得分	综合评价得分	排名
欢笑格鲁吉亚	1.143 2	0.758 8	1.902	10
雀之舞	1.973 2	1.820 8	3.794	5
藤本樱霞	1.240 6	1.038 6	2.279	8
薰衣草花环	1.514 5	1.313	2.828	7
无刺野蔷薇	2.235 2	2.239 3	4.475	2
瑞典女王	1.002 9	1.162 1	2.165	9
KORtemma	2.375 2	2.308 3	4.684	1
哈德福俊	1.948 2	1.994	3.942	4
安吉拉	2.128 7	1.841 2	3.970	3
藤本小女孩	1.939 5	1.607	3.546 5	6

综上，本评价方法针对目前立体花架造景专用资源评价方法缺乏的问题，提供了一种适用于立体花架专用藤本月季品种筛选的综合评价方法，该评价方法根据营造立体花架所需藤本月季品种特点，从实用性和观赏性的角度进行立体花架专用藤本月季品种的筛选，最终筛选出最理想的藤本月季品种为 KORtemma，安吉拉和无刺野蔷薇较次之。用该法筛选出的月季品种适用于立体花架造景，为后续立体花架用藤本月季品种的筛选提供理论依据。

经由上述的技术方案可知，与现有技术相比，本评价方法的有益效果如下。

为拓展月季品种在树状月季中的应用及筛选出适宜于立体花架造景使用的藤本月季品种，本实验针对藤本月季在立体花架上的应用特点，确定适宜的观测指标，即 $P1$ 枝条柔韧性、$P2$ 皮刺多寡、$P3$ 花枝长度、$P4$ 四季开花能力、$P5$ 生长势、$P6$ 抗病虫害能力、$P7$ 花径、$P8$ 花色、$P9$ 单枝花量、$P10$ 单花期、$P11$ 花朵衰落方式、$P12$ 叶片大小，并确定对应的测定方法和评分标准，通过层析分析法加权，得到月季品种性状指标的权重，用 5 分制评分标准对各部分性状指标进行赋值，具有枝条柔软、花量大、花径小等具有良好性状的品种可获得较高的综合评价值，综合评价值越高，该月季品种越适合于立体花架的营造，即造景效果好、观赏价值高、成景速度快，运用这一评价体系筛选出的优秀月季可在立体花架营造中快速推广应用，节约了以往新品种引用的试错成本，有利于树状月季替代产品——立体花架园艺产品在市场的快速推广。

二、花篱造景用藤本月季品种评价方法的建立

月季，蔷薇科蔷薇属植物，有“花中皇后”之美誉，其种类繁多、花色丰富、多年生且有季相变化，具有极高的观赏价值。其中藤本月季花多簇生，生长迅速，攀缘性好，抗病能力强，是花篱造景最常用的品种。

在众多的月季品种中，要选择适合于花篱造景，即成景效果好、成景速度快、可有效减少后期人工养护的品种资源，必须对其进行一系列的评估，首先要建立一套适用于花篱造景专用月季品种的评价方法，该评价方法根据《花卉质量等级评价标准》和《植物新品种特异性、一致性和稳定性的测试指南　蔷薇属》，同时听取专家意见，筛选出 20 个性状指标：株高、花色、茎粗、花梗长、花瓣数、花径、花型、花瓣质地、重瓣型、叶片颜色、叶片质地、茎粗、盛花期、生长势、抗病虫害能力等，并参考贾元义、柴菲、孙霞枫、谢凤俊、甘甜、杜丽等对月季的综合评价，结合藤本植物在花篱中的应用性状，最终筛选出与花篱用月季综合评价关系较为密切的 12 个测试性状作为评价指标；明确藤本月季的生长特征和观赏特点，利用层析分析法对 10 种藤本月季进行综合评价，近几年层次分析法在植物评价方面也开始得到广泛应用，它是一种定量与定性相结合，将人的主观判断用数量形式表达和处理的方法，因而在客观上大大提高了评价结果的有效性、可靠性和可行性。

（一）实验材料

评价材料为实验室保存的 10 种藤本月季当年生植株，每个品种随机选取 10 株，于 2020 年春季（3 月）开始进行生物学特性观察和实验。10 种藤本月季品种为：欢笑格鲁吉亚、雀之舞、藤本樱霞、薰衣草花环、无刺野蔷薇、瑞

典女王、KORtemma、哈德福俊、安吉拉、藤本小女孩。

(二) 实验方法

花篱造景用月季品种筛选的评价方法包括以下步骤:

对所需要评价的10种藤本月季品种进行盆栽种植,对每个品种进行一致的水肥管制,定期养护,不做特别的修剪,让它们自然生长;各品种随机选取10个植株作为调查对象,测定其12个指标,即$P1$生长势(厘米)、$P2$枝下高(厘米)、$P3$枝粗度(厘米)、$P4$皮刺多寡、$P5$主茎分枝数(个)、$P6$抗病虫害能力、$P7$植株蔓性、$P8$花色、$P9$花径(厘米)、$P10$单花期(天)、$P11$单株花量(朵)、$P12$四季开花能力;12个指标的观测时期如下:指标$P1$、$P6$、$P12$在各月季品种上盆后即可开始观测,观测时长为一年(2020年3月至2021年3月);指标$P2$、$P3$、$P4$、$P5$、$P7$、$P8$可在各月季品种上盆一整年时(2021年3月)进行观测;指标$P5$、$P9$、$P10$、$P11$、$P12$可在各月季品种上盆满一年后(2021年3月之后)开始观测。

为避免误差,需用钢尺测量的4个指标($P1$生长势、$P2$枝下高、$P3$枝粗度、$P9$花径),均用钢尺重复测量3次后取均值,作为1个测定值。

需要计算平均值的8个指标($P1$生长势、$P2$枝下高、$P3$枝粗度、$P4$皮刺多寡、$P5$主茎分枝数、$P9$花径、$P10$单花期、$P11$单株花量),在计算平均值时,要对原始数据记录中是否存在特大、特小等异常值进行检查,并将异常值剔除,然后进行平均值计算。

1. 性状指标的测定方法及评分标准

在全面地观察现代月季的观赏特性、生物学特性和生态特性后,参考相关文献制订了各项指标的评分标准。并依据不同品种的共同观赏价值和不同特征,拟定了5分制的评定标准(表5-12),并根据评定标准所对应的各指标分值记载到表5-13。

表5-12 花篱专用月季品种筛选评价指标评分标准

性状	指标	分值X				
		5	4	3	2	1
C1生长性状	$P1$生长势	(200, ∞)	(150, 200]	(90, 150]	(50, 90]	(10, 50]
	$P2$枝下高	(0, 20]	—	(20, 30]	—	(30, ∞)
	$P3$枝粗度	(1.5, 3]	—	(3, ∞)	—	(0, 1.5]
	$P4$皮刺多寡	(0, 20]	—	(20, 30]	—	(30, ∞)
	$P5$主茎分枝数	(9, ∞)	—	(4, 9]	—	(0, 4]
	$P6$抗病虫害能力	强	较强	一般	较弱	弱

（续）

性状	指标	分值 X				
		5	4	3	2	1
C2 观赏性状	P7 植株蔓性	扩张型	半扩张型	直立型	半直立型	—
	P8 花色	纯色	—	—	—	复色
	P9 花径	(4, 8]	—	(1.5, 4]	—	(0, 1.5]
	P10 单花期	(16, ∞)	(13, 16]	(10, 13]	(7, 10]	(0, 7]
	P11 单株花量	(20, ∞)	—	(10, 20]	—	(4, 10]
	P12 四季开花能力	四季开花	三季开花	两季开花	一季开花	—

表 5－13　花篱专用月季品种筛选评价指标记载表

品种名称：　　　　　　　　　　　　　　观测日期：　年　月　日—　年　月　日

性状	指标	测定值/观测结果	均值	分值
C1 生长性状	P1 生长势	a1，a2，a3，a4，a5，a6，a7，a8，a9，a10	a	X_1
	P2 枝下高	b1，b2，b3，b4，b5，b6，b7，b8，b9，b10	b	X_2
	P3 枝粗度	c1，c2，c3，c4，c5，c6，c7，c8，c9，c10	c	X_3
	P4 皮刺多寡	d1，d2，d3，d4，d5，d6，d7，d8，d9，d10	d	X_4
	P5 主茎分枝数	e1，e2，e3，e4，e5，e6，e7，e8，e9，e10	e	X_5
	P6 抗病虫害能力	弱/较弱/一般/较强/强（打√）	—	X_6
C2 观赏性状	P7 植株蔓性	扩张型/半扩张型/直立型/半直立型（打√）	—	X_7
	P8 花色	纯色/复色（打√）	—	X_8
	P9 花径	f1，f2，f3，f4，f5，f6，f7，f8，f9，f10	f	X_9
	P10 单花期	g1，g2，g3，g4，g5，g6，g7，g8，g9，g10	g	X_{10}
	P11 单株花量	h1，h2，h3，h4，h5，h6，h7，h8，h9，h10	h	X_{11}
	P12 四季开花能力	开花/未开花（打√）	—	X_{12}

（1）花篱专用月季生长性状指标

花篱专用月季生长性状包括：P1 生长势（厘米）、P2 枝下高（厘米）、P3 枝粗度（厘米）、P4 皮刺多寡、P5 主茎分枝数（个）、P6 抗病虫害能力。

P1 生长势（厘米）的测定方法：第一年 3 月对所需要评价的月季品种进行上盆种植，各品种随机选取 10 个植株并进行编号（1～10）及挂牌标记，用钢尺测量各植株此时株高，记作 $h1$（厘米），对每个品种进行一致的水肥管制，定期养护，不做特别的修剪，让它们自然生长一年；一整年后，用钢尺测量对应编号下植株的株高，记作 $h2$（厘米）；计算 $h2-h1$，其结果就为生长势

(厘米)，共10个数据，分别为 $a1$、$a2$、$a3$、$a4$、$a5$、$a6$、$a7$、$a8$、$a9$、$a10$，均值得 a，查看表5-12生长势（厘米）对应的分值 X_1，并记录到表5-13中，该指标评分标准如下：强（生长势>200厘米），评分为5；较强（150厘米<生长势≤200厘米），评分为4；中（90厘米<生长势≤150厘米），评分为3；较弱（50厘米<生长势≤90厘米），评分为2；弱（10厘米<生长势≤50厘米），评分为1。

$P2$ 枝下高（厘米）的测定方法：月季苗上盆一整年时，用钢尺对各植株主茎最下方的节与地面之间的垂直距离进行测量，共10个数据，分别为 $b1$、$b2$、$b3$、$b4$、$b5$、$b6$、$b7$、$b8$、$b9$、$b10$，求均值得 b，查看表5-12枝下高（厘米）对应的分值 X_2，并记录到表5-13中，该指标评分标准如下：枝下高∈(30，∞)，评分为1；枝下高∈(20，30]，评分为3；枝下高∈(0，20]，评分为5。

$P3$ 枝粗度（厘米）的测定方法：月季苗上盆满一年时，每个品种随机取10个植株，用游标卡尺测其直径，共10个数据，分别为 $c1$，$c2$，$c3$，$c4$，$c5$，$c6$，$c7$，$c8$，$c9$，$c10$，求均值得 c，查看表5-12枝粗度（厘米）对应的分值 X_3，并记录到表5-13中，该指标评分标准如下：粗（枝粗度>3厘米），评分为3；中（1.5厘米<枝粗度≤3厘米），评分为5；细（0<枝粗度≤1.5厘米），评分为1。

$P4$ 皮刺多寡的测定方法：月季苗上盆一整年时，每个品种随机取10个植株，数每株5～7节节间皮刺数量，共10个数据，分别为 $d1$、$d2$、$d3$、$d4$、$d5$、$d6$、$d7$、$d8$、$d9$、$d10$，求均值得 d，查看表5-12皮刺多寡对应的分值 X_4，并记录到表5-13中，该指标评分标准如下：少（皮刺数目≤20），评分为5；中（20<皮刺数目≤30），评分为3；多（皮刺数目>30），评分为1。

$P5$ 主茎分枝数（个）的测定方法：月季苗上盆一整年时，对各植株主茎上的侧枝进行计数，共10个数据，分别为 $e1$、$e2$、$e3$、$e4$、$e5$、$e6$、$e7$、$e8$、$e9$、$e10$，求均值得 e，查看表5-12主茎分枝数（个）为 e 时对应的分值 X_5，并记录到表5-13中，该指标评分标准如下：主茎分枝数∈(0，4]，评分为1；主茎分枝数∈(4，9]，评分为3；主茎分枝数∈(9，∞)，评分为5。

$P6$ 抗病虫害能力的测定方法：月季上盆后即可开始观测，观测时长为一年；在一年中，分别于3、6、9、12月中旬对各品种随机选出的10个植株进行观察，观察它们是否有病虫害（有无害虫、菌丝、菌斑、畸形、茎秆有无发黑等），并记录病株数量；各品种的发病率（发病率=总病株数目/总观测数目×100%）分为五类，发病率∈(80%，100%]，则抗病虫害能力弱；发病率∈(60%，80%]，则抗病虫害能力较弱；发病率∈(40%，60%]，则抗病虫害能力一般；发病率∈(20%，40%]，抗病虫害能力较强；发病率∈[0，20%]，抗病虫害能力强。观测结果为弱、较弱、一般、较强、强，查看表5-12抗病虫害能力观测结果对应的分值X_6，并记录到表5-13中，该指标评分标准如下：弱，评分为1；较弱，评分为2；一般，评分为3；较强，评分为4；强，评分为5。

(2) 花篱专用月季观赏性状指标

花篱专用月季观赏性状包括：$P7$植株蔓性、$P8$花色、$P9$花径（厘米）、$P10$单花期（天）、$P11$单株花量（朵）、$P12$四季开花能力。

$P7$植株蔓性的测定方法：月季苗上盆满一年后，各品种随机选取10个植株，观测其植株形态，植物形态分为四类：直立型、半直立型、扩张型、半扩张型。查看表5-12植株蔓性观测结果对应的分值X_7，并记录到表5-13中，该指标评分标准如下：扩张型，评分为5；半扩张型，评分为4；直立型，评分为3；半直立型，评分为2。

$P8$花色的测定方法：调查时期为月季苗上盆满一年后，于春季盛花期（所调查的某一月季品种90%及以上的盆栽有完全盛开的花朵，即某月季品种的10盆盆栽中，有9盆及以上有完全盛开的花朵），用肉眼观察各品种随机选取的10个植株，确定其花色；花色分为两类：纯色（俯视时，花朵颜色一致）、复色（俯视时，同株月季上花朵颜色不一致或同一朵花的花瓣有两种颜色，且颜色分布不均）；观测结果为纯色（或复色），查看表5-12花色观测结果对应的分值X_8，并记录到表5-13中，该指标评分标准如下：复色，评分为1；纯色，评分为5。

$P9$花径（厘米）的测定方法：调查时期为月季苗上盆满一年后，各品种春季的盛花期；各品种随机选取10个植株，从每一株中随机选择1朵完全开放的花朵，用钢尺测其直径，共10个数据，分别为$f1$、$f2$、$f3$、$f4$、$f5$、$f6$、$f7$、$f8$、$f9$、$f10$，求均值得f，查看表5-12花径（厘米）为f时对应的分值X_9，并记录到表5-13中，该指标评分标准如下：花径∈(0，1.5]，评分为1；花径∈(1.5，4]，评分为3；花径∈(4，8]，评分为5。

$P10$单花期（天）的测定方法：调查时期为月季苗上盆满一年后，各品种春季的花期；各品种随机选取10个植株，从每一株中随机选择1个花苞挂牌标记，并进行连续性观测，观察其自身现色期（花萼处于花蕾1/2处，微微可见花瓣颜色）至衰老期（花瓣1/4枯萎/凋零）历经的时长，共10个数据，分别为$g1$、$g2$、$g3$、$g4$、$g5$、$g6$、$g7$、$g8$、$g9$、$g10$，求均值得g，查看表5-12单花期（天）对应的分值X_{10}，并记录到表5-13中，该指标评分标准如下：单花期∈(0，7]，评分为1；单花期∈(7，10]，评分为2；单花期∈(10，13]，评分为3；单花期∈(13，16]，评分为4；单花期∈(16，∞)，评分为5。

$P11$ 单株花量（朵）的测定方法：调查时期为月季苗上盆满一年后，各品种春季的盛花期所调查的某一月季品种90%及以上盆栽有完全盛开的花朵，即某月季品种的10盆盆栽中，有9盆及以上有完全盛开的花朵；各品种随机选取10个植株，对单株一次同时存在花量（花瓣颜色可见且未衰老/凋零的花朵/花苞）进行计数，为单株花量（朵），共10个数据，分别为 $h1$、$h2$、$h3$、$h4$、$h5$、$h6$、$h7$、$h8$、$h9$、$h10$，求均值得 h，查看表5-12单株花量（朵）对应的分值 X_{11}，并记录到表5-13中，该指标评分标准如下：单株花量 $\in(4, 10]$，评分为1；单株花量 $\in(10, 20]$，评分为3；单株花量 $\in(20, \infty)$，评分为5。

$P12$ 四季开花能力的测定方法：月季上盆后即可开始观测，观测时长为一年；四季划分的时间节点为立春（2月4日）、立夏（5月5日）、立秋（8月7日）、立冬（11月8日），观察各品种随机选取的10个植株，在这四个季节中，有无开花现象，分为四类：一季开花、两季开花、三季开花、四季开花，以此作为四季开花能力；观测结果为一季开花（或两季开花/三季开花/四季开花），查看表5-12四季开花能力观测结果对应的分值 X_{12}，并记录到表5-13中，该指标评分标准如下：一季开花，评分为2；两季开花，评分为3；三季开花，评分为4；四季开花，评分为5，见表5-12。

2. 层次结构的分析与建立

（1）构建层析分析模型

根据藤本月季的特性以及其应用于花篱造景的特性筛选出与其有较密切关系的评价指标，并依照其相互关系建立递阶层次结构评价模型。如表5-14所示，模型分为3层，即目标层、约束层、标准层。

表5-14　花篱专用藤本月季递阶层次结构评价模型

目标层	约束层	标准层
造景用适宜的花篱月季品种	$C1$ 生长性状	$P1$ 生长势（厘米）、$P2$ 枝下高（厘米）、$P3$ 枝粗度（厘米）、$P4$ 皮刺多寡（个）、$P5$ 主茎分枝数（个）、$P6$ 抗病虫害能力
	$C2$ 观赏性状	$P7$ 植株蔓性、$P8$ 花色、$P9$ 花径（厘米）、$P10$ 单花期（天）、$P11$ 单株花量（朵）、$P12$ 四季开花能力

①目标层。该层是指在花篱造景中适用的藤本月季品种。

②约束层。约束层包括制约和限制藤本月季的观赏价值、生产价值及利用的各种因素，包括美学、生物学、生态学等方面。本评价方法选择对月季应用价值影响较强的观赏性状和生产性状两个因素作为对目标层的约束层。

③标准层。标准层包括能够体现上述约束层的具体评价指标。本评价方法模型的标准层根据《花卉质量等级评价标准》和《植物新品种特异性、一致性和稳定性的测试指南　蔷薇属》，筛选出 20 个性状指标，并参考贾元义、柴菲、谢风俊等对月季的综合评价，结合藤本植物在花篱中的应用性状，总结和筛选出 12 个测试性状作为评价指标，并且与约束层相对应，对各指标尽量采用定量评价。

(2) 判断矩阵构造及一致性检验

在层次分析法综合评价体系中，各个评价标准之间的相对重要性是评估的基础，要想对其进行量化，就必须对两种方法的相对优势进行定量描述。在实际运用中，这些相对重要性的信息基础，往往是根据总目标的需要，由经验丰富的专业人士或在广泛征求大多数人意见的基础上做出的判断，用 1～9 比率标度（表 5-15）使之定量化，并构成两两比较的判断矩阵。通过计算判断矩阵的最大特征根（λ_{max}）及对应的特征向量（**W**），计算出某一层各因素相对于上一层某因素的相对重要性权重值。

表 5-15　1～9 级判断矩阵标准度

标度	含义
1	i 和 j 两因素同等重要
3	i 因素比 j 因素略微重要
5	i 因素较 j 因素明显重要
7	i 因素较 j 因素十分明显重要
9	i 因素较 j 因素绝对重要
2，4，6，8	上述两相邻判断的中值
倒数	若因素 i 与因素 j 的重要性之比为 a_{ij}，则因素 j 与因素 i 的重要性之比为 $a_{ji}=1/a_{ij}$

用层次分析法来保持判断思维的一致性是很有必要的，但是在实际运用中，由于客观事物的复杂性和人的认识的多样性，不能保证这种一致性，因此需要进行判断矩阵的一致性检验。若具有一致性，则判断矩阵 **A** 有如下关系：$a_{ij}=a_{ik}/a_{jk}$，i，j，$k=1$，2，3，…，n。若判断矩阵具完全的一致性，则 $\lambda_{max}=n$，其余特征根均为零；若能得到满意的一致性，则 λ_{max} 稍大于 n，其余特征根均为零；若一致性不佳时，需作出适当改变，这样基于层次分析法得到的结论才是基本合理的。

在层次分析法中，引用 CI（consistency index）作为度量判断矩阵偏离一致性的指标，以 CI 与判断矩阵的平均随机一致性指标 RI（random index）的比值 CR（consistency ratio）作为其一致性指标，即 $CR=CI/RI$。RI 的值可由表 5-16 查到。若 $CR<0.1$，则认为该判断矩阵具有满意的一致性，否则需

要进行调整。

表 5-16　评价随机一致性指标 *RI*

矩阵阶数	1	2	3	4	5	6	7	8	9	10
RI	0.00	0.00	0.52	0.89	1.12	1.26	1.36	1.41	1.46	1.49

建立判断矩阵及一致性检验需构造出 ***A-C***（第二层因素相对于第一层因素的比较判断）、***C-P***（第三层因素相对于第二层因素的比较判断）共三个矩阵，见表 5-17、表 5-18、表 5-19。本文主要通过 YAAHP10.0 软件对指标体系和数据进行分析，得到以下结果（表中 λ_{max} 表示最大特征值，*RI* 表示一致性比例，W_i 表示权重值）。

由表 5-17、表 5-18、表 5-19 计算结果可知，藤本月季三个判断矩阵皆具有满意的一致性。在藤本月季综合评价中，生长性状和观赏性状同等重要，在生长性状中生长势和主茎分枝数都是十分重要的指标，分别占到 0.368 3 和 0.345 9，在观赏性状中植株蔓性非常重要，占到 0.475 8。

表 5-17　藤本月季综合评价模型 ***A-C*** 判断矩阵及一致性检验

A 评价指标	*C*1 生长性状	*C*2 观赏性状	W_i
*C*1 生长性状	1	1	0.500 0
*C*2 观赏性状	1	1	0.500 0
一致性检验	λ_{max}=2.000 0，*CI*=0.000 0，*RI*=0，*CR*=0.000 0		

表 5-18　藤本月季综合评价模型 ***C*1-*Pi*** 判断矩阵及一致性检验

*C*1 生长性状	*P*1 生长势	*P*2 枝下高	*P*3 枝粗度	*P*4 皮刺多寡	*P*5 主茎分枝数	*P*6 抗病虫害能力	W_i
*P*1 生长势	1	5	7	9	1	3	0.368 3
*P*2 枝下高	1/5	1	1/2	3	1/4	1	0.076 4
*P*3 枝粗度	1/7	2	1	1/2	1/6	1/3	0.052 5
*P*4 皮刺多寡	1/9	1/3	2	1	1/9	1/2	0.047 1
*P*5 主茎分枝数	1	4	6	9	1	3	0.345 9
*P*6 抗病虫害能力	1/3	1	3	2	1/3	1	0.109 9
一致性检验	λ_{max}=6.452 6，*CI*=0.090 5，*RI*=1.24，*CR*=0.073 0，*CR*<0.1						

表 5-18 的判断矩阵权重的详细计算过程如下。

①计算判断矩阵中每一行元素的乘积：

$m_i = \prod_{j=1} a_{ij}$ =[945.000 0，0.075 0，0.007 9，0.004 1，648.000 0，0.666 7]；

②计算乘积的 n 次方根：

$w_i^* = n\sqrt{m_i}$ =[3.132 6，0.649 4，0.446 6，0.400 3，2.941 7，0.934 7]；

③对向量进行归一化处理：

$w_i = w_i^* / \sum_{i=1}^{n} w_i^*$ =[0.368 3，0.076 4，0.052 5，0.047 1，0.345 9，0.109 9]；

④计算判断矩阵的最大特征值：λ_{max} =6.452 6；

⑤判断矩阵一致性：$CI=(\lambda_{max}-n)/(n-1)$ =(6.452 6−6)/(6−1)=0.090 5；

⑥计算得到平均一致性：$CR=CI/RI$ =0.090 5/1.24=0.073 0，该矩阵具有满意的一致性。

表 5-19 藤本月季综合评价模型 *C2-Pi* 判断矩阵及一致性检验

C2 观赏性状	P7 植株蔓性	P8 花色	P9 花径	P10 单花期	P11 单株花量	P12 四季开花能力	W_i
P7 植株蔓性	1	9	7	5	3	3	0.475 8
P8 花色	1/9	1	2	1/2	1/4	1/2	0.062 0
P9 花径	1/7	1/2	1	1	1/2	1	0.072 6
P10 单花期	1/5	2	1	1	1/2	1	0.096 7
P11 单株花量	1/3	4	2	2	1	2	0.187 6
P12 四季开花能力	1/3	2	1	1	1/2	1	0.105 3
一致性检验	λ_{max}=6.245 8，CI=0.049 2，RI=1.24，CR=0.039 6，CR<0.1						

表 5-19 的判断矩阵权重的详细计算过程如下，

①计算判断矩阵中每一行元素的乘积：

$m_i = \prod_{j=1} a_{ij}$ =[2 835.000 0，0.013 9，0.035 7，0.200 0，10.666 7，0.333 3]；

②计算乘积的 n 次方根：

$w_i^* = n\sqrt{m_i}$ = [3.762 1，0.490 3，0.573 9，0.764 7，1.483 7，0.832 7]；

③对向量进行归一化处理：

$w_i = w_i^* / \sum_{i=1}^{n} w_i^*$ = [0.475 8，0.062 0，0.072 6，0.096 7，0.187 6，0.105 3]；

④计算判断矩阵的最大特征值：λ_{max} =6.245 8；

⑤判断矩阵一致性：$CI=(\lambda_{max}-n)/(n-1)$ =(6.245 8−6)/(6−1)=0.049 2；

⑥计算得到平均一致性：$CR=CI/RI=0.0492/1.24=0.0396$，该矩阵具有满意的一致性。

（3）层次总排序

通过计算各具体评价指标（P）与所属性状指标（C）的权重后，并将该性状（C）的权重相结合，得出各评价指标因素与总体的综合评价值之间的权重，从而得出总体排序，即可计算出各具体评价指标（P）相对于总的综合评价值（A）的权重，得到总的排序。由表5-18和表5-19可知，各指标的权重值为：$W_1=0.1841$，$W_2=0.0381$，$W_3=0.0262$，$W_4=0.0235$，$W_5=0.1729$，$W_6=0.0549$，$W_7=0.2378$，$W_8=0.0310$，$W_9=0.0362$，$W_{10}=0.0483$，$W_{11}=0.0938$，$W_{12}=0.0526$。在生长性状中，$P1$（生长势）、$P5$（主茎分枝数）、$P6$（抗病虫害能力）权重值较高，在生长性状中，$P1$（生长势）为最重要的评价指标；在观赏性状中，$P7$（植株蔓性）、$P11$（单株花量）权重值较高，$P7$（植株蔓性）为观赏性状最重要的评价指标；综合上述表格，$P7$（植株蔓性）和$P1$（生长势）在藤本月季的评价指标中是最重要的两个指标。

（4）综合评价值的计算

首先根据花篱专用月季品种筛选评价指标记载表（表5-13）和各自的评价指标评分标准（表5-12）得出每个月季品种的各性状特征分值，再按照花篱专用藤本月季品种各自性状特征的相对权重值和每个月季品种的各性状特征分值，计算出花篱专用藤本月季各品种的最后分值。

综合评价值的计算方法为：$A=\sum(X_i \times W_i)$，$i=1, 2, 3, \cdots, 12$，A为品种综合评价值，X_i为各指标的分值，W_i为各指标的权重。

各月季品种均可通过上述方法计算出其特定的综合评价值，综合评价值越高，该品种越适合于花篱造景。

三、结果与分析

（一）花篱专用藤本月季品种各指标特征分值

本文通过参考孙霞枫、甘甜、杜丽等对月季各指标的评价分值，根据藤本月季在花篱造景中的应用特点，采用5分制评分标准对所评价的10种藤本月季品种的各性状进行打分，其得分情况见表5-20。

表5-20　藤本月季品种综合评价体系各性状特征分值

品种名称	生长性状 $P1\sim P6$（分值）						观赏性状 $P7\sim P12$（分值）					
	$P1$	$P2$	$P3$	$P4$	$P5$	$P6$	$P7$	$P8$	$P9$	$P10$	$P11$	$P12$
欢笑格鲁吉亚	3	3	5	1	3	3	3	5	5	3	1	4
雀之舞	2	3	5	1	2	1	5	5	5	3	5	4

（续）

品种名称	生长性状 $P1 \sim P6$（分值）						观赏性状 $P7 \sim P12$（分值）					
	$P1$	$P2$	$P3$	$P4$	$P5$	$P6$	$P7$	$P8$	$P9$	$P10$	$P11$	$P12$
薰衣草花环	2	1	1	1	3	3	4	1	3	3	1	4
无刺野蔷薇	2	3	1	5	3	3	4	5	1	5	3	5
KORtemma	4	5	1	5	3	3	4	5	3	3	1	5
瑞典女王	1	3	5	3	3	4	3	5	5	5	1	4
藤本樱霞	4	5	5	3	3	4	5	5	5	5	5	5
哈德福俊	1	5	3	1	3	4	2	1	1	3	3	4
安吉拉	3	5	3	5	3	5	5	5	3	3	3	4
藤本小女孩	1	1	3	5	1	4	3	5	3	3	1	4

（二）花篱专用藤本月季品种的筛选结果

由表 5－20 中藤本月季品种各指标得到的分值和表 5－18 和表 5－19 各品种的权重值，代入品种综合评价值的公式 $A=\sum(X_i \times W_i)$，其中，A 为综合评价值，X_i 为各指标的分值，W_i 为各指标的权重。

根据上述方法，各月季品种均得出了各自的综合评价值 A，A 值越高，说明该品种越适合于花篱造景。由表 5－21 得出，10 种藤本月季品种中，月季藤本樱霞的综合评价值最高，为 4.593 0，不管是观赏性状还是生长性状都最适用于花篱造景；其次适用于花篱造景的是安吉拉，其综合评价值为 3.821 4，欢笑格鲁吉亚的综合评价值为 3.559 9，薰衣草花环综合评价值最低，其 $P5$ 主茎分枝数、$P7$ 植株蔓性、$P11$ 单株花量与其他品种相比评分较低，因此，不适用花篱造景。

表 5－21　10 种藤本月季品种综合评价值

月季品种名称	综合评价值	排名
藤本樱霞	4.593 0	1
安吉拉	3.821 4	2
欢笑格鲁吉亚	3.559 9	3
雀之舞	3.470 5	4
KORtemma	3.237 9	5
无刺野蔷薇	3.003 0	6

（续）

月季品种名称	综合评价值	排名
藤本小女孩	2.833 3	7
哈德福俊	2.679 3	8
瑞典女王	2.643 3	9
薰衣草花环	2.236 9	10

以往的月季评价主要集中于花形态的评价，或涉及项目不全面，抑或指标不够量化，不能准确评定。本研究针对当前在观赏植物资源评价方面，大多是从资源保护、选育等方面进行的，评价方法和效果都比较笼统，缺乏针对性，特别是缺乏专门的对花篱造景专用资源评价的评价手段的问题，在以往评价的基础上加以改良，列举了藤本月季品种综合评价的得分值和等级，形成了一种比较客观的藤本月季综合评价方法，用该法筛选出的月季品种适用于花篱造景，提供了一种适用于花篱专用藤本月季品种筛选的评价方法，该评价方法从实用性和观赏性的角度进行花篱专用藤本月季品种的筛选，本研究领域人员可以依据此方法进行花篱专用藤本月季品种的筛选。

经由上述的技术方案可知，现有技术的优势在于：首先，本研究采用定性与定量相结合的层次分析法，将指标量化，并通过构造两两比较的判断矩阵来确定不同因素对现代月季的影响权重，滤出了由偶然因素决定的不同人在认识上的差异，使评价更为客观、统一。在实际的评价选优工作中可操作性更强、准确性更高，更容易被应用者和普通的育种工作者所使用。其次，本研究为丰富花篱造景用藤本观赏植物种类，针对藤本月季品种，围绕藤本植物应用特点，确定适宜的观测指标即 *P*1 生长势（厘米）、*P*2 枝下高（厘米）、*P*3 枝粗度（厘米）、*P*4 皮刺多寡、*P*5 主茎分枝数（个）、*P*6 抗病虫害能力、*P*7 植株蔓性、*P*8 花色、*P*9 花径（厘米）、*P*10 单花期（天）、*P*11 单枝花量（朵）、*P*12 四季开花能力和这 12 个评价指标对应的测定方法和评分标准，通过层次分析法加权，得到月季品种综合评价值，综合评价值越高，说明该月季品种越适合于花篱造景，即造景效果好、观赏价值高、成景速度快、可有效减少后期人工养护，从实用性与观赏性两个方面，为选择花篱造景用的月季品种提供了理论基础。

第四节　月季品种优良植株快繁体系的探究

藤本月季由于扦插难以成活，当前苗圃中常用嫁接繁殖的方法，但嫁接技术要求较高，管理繁杂，成活率并不理想，无法满足短期内获得大量苗木的需求。离体组织培养技术能够精确控制培育过程的各个环节，不会受到地区、气候的限制，繁殖系数大，易于保持母体的优良特性，提高产量，有利于大规模工厂化生产，加速植物种类的推广和应用。因此，本实验通过离体组织培养技术对实验室收集的10种藤本月季进行快速繁殖探究，筛选出适合的消毒方法和增殖培养基配方，建立了藤本月季快繁体系，保存了大量藤本月季的优良种质，为月季花篱园艺产品的研发提供了充足的造景材料。

一、实验材料

（一）植物材料

材料来自实验室保存的10种当年生藤本月季：欢笑格鲁吉亚、雀之舞、薰衣草花环、无刺野蔷薇、KORtemma、瑞典女王、藤本樱霞、安吉拉、哈德福俊、藤本小女孩，材料具体情况见表5-22，选择无病虫害、生长健壮的半木质化枝条中部茎段，切成2～3厘米的小段，每段至少带有1个腋芽。

表5-22　10种藤本月季购买来源

品种名称	材料来源	苗龄	繁殖方式	种植时间/地点
欢笑格鲁吉亚	天狼月季基地	一年生	扦插	2020年5月/南阳师范学院西区月季园
雀之舞	天狼月季基地	一年生	扦插	
藤本樱霞	天狼月季基地	一年生	扦插	
薰衣草花环	南阳月季集团	一年生	嫁接	
无刺野蔷薇	南阳月季集团	一年生	实生	
瑞典女王	南阳月季集团	一年生	扦插	
KORtemma	南阳月季基地	一年生	扦插	
哈德福俊	南阳月季集团	一年生	嫁接	
安吉拉	南阳月季集团	一年生	嫁接	
藤本小女孩	南阳月季集团	一年生	嫁接	

（二）培养条件

基本培养基为MS，蔗糖添加量为3%，琼脂添加量为0.8%；本文中除标注外，琼脂培养基等均为MS。高压灭菌温度为120℃，30分钟。温度为24℃±2℃，每日连续光照12小时，光照强度为1 000～2 000勒克斯，pH为5.8。

二、10种藤本月季的快繁

（一）外植体的消毒

去掉枝条上的皮刺和叶，剪取带芽茎段2～3厘米，用洗洁精溶液洗涤浸泡 30 分钟后，再用流水冲洗 1～1.5 小时，外植体冲净后，在超净工作台内先用 75%酒精快速倒入装有外植体的瓶内并淹没外植体，消毒 30 秒左右，然后迅速倒入无菌水以降低酒精浓度，用无菌水冲洗 3 次后，再使用 0.1%升汞溶液分别浸泡处理 8 分钟和 10 分钟，冲洗 5 次后接种。将茎段两端用消毒剪（或解剖刀）去掉，在滤纸上吸干水分，将带芽的茎段接种到基本培养基上，每瓶内接 1 个茎段，共 30 个处理。接种后每天观察、记录污染情况及芽萌发生长的情况。

（二）增殖培养

增殖培养实验材料为初代培养获得的 10 种藤本月季的无菌苗。将萌发后长至 3 厘米左右高的外植体丛生芽切成单芽，转至增殖培养基中。增殖培养基为在 MS 的基础上添加 0.1 毫克/升浓度的吲哚丁酸（IBA）和不同浓度配比的 6-氨苄基腺嘌呤（6-BA），6-BA 的浓度分别为 0.5 毫克/升、1.0 毫克/升、1.5 毫克/升，每个处理接种 10 瓶，每瓶接种 1 个外植体，重复 3 次，30 天后观察并统计不定芽的增殖和生长状况。

（三）数据处理与分析

污染率（%）=(污染外植体数/接种外植体数)×100%

褐化率（%）=(褐化的外值体数/接种外值体数)×100%

成活率（%）=(未褐化成活的外植体数/接种外植体数)×100%

萌发率（%）=(萌发外植体数/接种外植体数)×100%

丛生芽增殖倍数=继代后新萌发的芽苗总数/继代芽苗总数

采用 Microsoft Excel 进行数据统计分析、方差分析。

三、结果与分析

（一）消毒措施对外植体效果的影响

初代培养中外植体的灭菌处理是十分重要的，良好的灭菌效果，能够大幅度减少植株的污染率，提高成活率。对外植体进行消毒后，10 种藤本月季 5 天后开始观察到污染现象，约 10 天后，腋芽开始萌动，随后腋芽逐渐展开，叶片增多，4 周后即可进行增殖培养。

由表 5-23 可以看出，随着 0.1%升汞的消毒时间增加，外植体污染率整体呈下降趋势，当 0.1%升汞的消毒时间为 8 分钟时，10 种藤本月季品种的外植体污染率整体较高，最高达到 30%左右，但褐化率较低，为 1.4%左右；当 0.1%升汞的消毒时间为 10 分钟时，外植体污染率达到最低，为 4.1%左右，但褐化率较高，为 13.7%左右；当 0.1%升汞的消毒时间为 8 分钟时，藤本月季薰衣草花环、无刺野蔷薇这两个品种的成活率达到 95%以上，当 0.1%升汞的消毒时间为 10 分钟时，藤本月季欢笑格鲁吉亚、雀之舞、KORtemma、瑞典女王、藤本樱霞、安吉拉、哈德福俊、藤本小女孩成活率达到 94.5% 左右。

在初代培养时，外植体的污染率、褐化率、成活率是相互联系的，因此，在 0.1%升汞的消毒时间 8～10 分钟范围内，藤本月季薰衣草花环、无刺野蔷薇这两个品种的最佳消毒时间为 8 分钟，其他 8 个藤本月季最佳消毒时间为 10 分钟。

表 5－23 升汞不同消毒时间对外植体的影响

月季品种名称	升汞消毒时间（分钟）	污染率（%）	褐化率（%）	成活率（%）
欢笑格鲁吉亚	8	23	3	76
	10	10	10	90
雀之舞	8	16	0	83
	10	0	16	100
薰衣草花环	8	10	4	100
	10	0	20	80
无刺野蔷薇	8	10	2	100
	10	0	15	85
KORtemma	8	23	2	76
	10	3	9	99
瑞典女王	8	33	0	66
	10	16	13	90
藤本樱霞	8	13	0	66
	10	3	8	90
哈德福俊	8	16	1	83
	10	3	12	96
安吉拉	8	10	0	93
	10	0	22	100
藤本小女孩	8	22	2	66
	10	6	5	83

（二）不同浓度 6－BA 对丛生芽增殖的影响

由表 5－24 可以看出，当 IBA 浓度为 0.1 毫克/升时，随着 6－BA 浓度的增加，欢笑格鲁吉亚、瑞典女王、藤本小女孩三种藤本月季增殖系数明显呈上升趋势，雀之舞、薰衣草花环、安吉拉三种藤本月季增殖系数呈下降趋势。由

表 5－24、表 5－25 可以看出，当 6－BA 浓度为 0.5 毫克/升时，雀之舞、薰衣草花环、安吉拉三种藤本月季增殖系数与其他另外两个梯度相比达到最高，分别为 4.71、3.81、4.91，且叶片翠绿，植株健壮，生长状况良好；当 6－BA 浓度为 1.0 毫克/升时，无刺野蔷薇、KORtemma、藤本樱霞、哈德福俊、藤本小女孩五种藤本月季增殖系数与其他另外两个梯度相比达到最高，分别为 4.01、3.58、4.94、3.43、2.23，且植株普遍较高，增殖芽长势较好、健壮；当 6－BA 浓度达到 1.5 毫克/升时，欢笑格鲁吉亚、瑞典女王两种藤本月季增殖系数与其他另外两个梯度相比达到最高，分别为 3.87、3.32，且植株较高，长势健壮。

由此可见，在本实验中 6－BA 是影响继代培养的主导因素，IBA 是次要因素，不同浓度的 6－BA 适用于不同的藤本月季品种。图 5－12 为 10 种藤本月季的增殖苗。

表 5－24　不同浓度 6－BA 对藤本月季丛生芽增殖系数的影响

月季品种名称	0.5 毫克/升 6－BA	1.0 毫克/升 6－BA	1.5 毫克/升 6－BA
雀之舞	4.71±1.81	3.83±1.78	3.01±1.12
薰衣草花环	3.81±1.72	2.94±1.61	2.71±0.99
安吉拉	4.91±1.96	4.37±1.75	3.43±0.84
无刺野蔷薇	2.08±0.80	4.01±0.76	3.10±1.20
KORtemma	1.84±0.85	3.58±1.23	2.29±0.89
藤本樱霞	3.68±0.74	4.94±1.80	4.39±1.05
哈德福俊	2.07±0.73	3.43±1.02	2.21±0.79
藤本小女孩	1.27±0.44	2.23±1.84	2.22±0.88
欢笑格鲁吉亚	2.32±0.91	3.34±1.72	3.87±1.96
瑞典女王	1.91±0.73	3.26±1.63	3.32±1.62

表 5－25　不同浓度 6－BA 对藤本月季丛生芽增殖生长状况的影响

月季品种名称	0.5 毫克/升 6－BA	1.0 毫克/升 6－BA	1.5 毫克/升 6－BA
欢笑格鲁吉亚	植株较矮，长势较弱	植株中等，长势一般	叶片翠绿，植株健壮，生长状况良好
雀之舞	叶片翠绿，植株健壮，生长状况良好	生长状况一般，部分植株较健壮	叶片枯黄，植株生长状况一般、较弱
薰衣草花环	叶片翠绿，植株健壮，生长状况良好	植株较高紧密，长势健壮	植株高大，长势中等
无刺野蔷薇	植株生长状况一般、较弱	叶片翠绿，植株健壮，生长状况良好	植株中等，长势良好

（续）

月季品种名称	0.5毫克/升6-BA	1.0毫克/升6-BA	1.5毫克/升6-BA
KORtemma	植株生长状况一般、较弱	叶片翠绿，植株健壮，生长状况良好	植株中等，长势一般
瑞典女王	叶片枯黄，植株生长状况一般、较弱	植株中等，长势良好	植株较高，长势健壮
藤本樱霞	叶片枯黄，植株生长状况一般、较弱	叶片翠绿，植株健壮，生长状况良好	植株中等，长势较弱
哈德福俊	植株生长状况一般、较弱	叶片翠绿，植株健壮，生长状况良好	植株较高，长势良好
安吉拉	叶片翠绿，植株健壮，生长状况良好	植株中等，长势良好	叶片翠绿，植株健壮，生长状况良好
藤本小女孩	叶片枯黄，植株生长状况一般，较弱	叶片翠绿，植株健壮，生长状况良好	生长状况一般，个别植株较健壮高大

图5-12　10种藤本月季的增殖苗

1. 欢笑格鲁吉亚　2. 雀之舞　3. 薰衣草花环　4. 无刺野蔷薇　5. KORtemma
6. 瑞典女王　7. 藤本樱霞　8. 安吉拉　9. 哈德福俊　10. 藤本小女孩

外植体消毒是组织培养的第一个关键步骤，消毒效果决定了原始材料的用量；本实验用带腋芽茎段进行外植体消毒，当0.1%升汞的消毒时间为8分钟时，10种藤本月季品种的外植体污染率整体较高，最高达到30%左右，但褐化率较低，为1.4%左右；当0.1%升汞的消毒时间为10分钟时，外植体污染率达到最低，为4.1%左右，但褐化率较高，为13.7%左右；当0.1%升汞的消毒时间为8分钟时，藤本月季薰衣草花环、无刺野蔷薇、KORtemma三个品种的成活率可达到95%以上，其他7个藤本月季欢笑格鲁吉亚、雀之舞、瑞典女王、藤本樱霞、安吉拉、哈德福俊、藤本小女孩的成活率在75%左右；

当0.1%升汞的消毒时间为10分钟时，藤本月季欢笑格鲁吉亚、雀之舞、瑞典女王、藤本樱霞、安吉拉、哈德福俊、藤本小女孩成活率高达94.5%左右，薰衣草花环、无刺野蔷薇、KORtemma这三个品种的成活率在80%左右；因此，综合考虑污染率、褐化率，0.1%升汞的最佳消毒时间为10分钟；但是从成活率来看，藤本月季薰衣草花环、无刺野蔷薇这两个品种的最佳消毒时间为8分钟，其他8种藤本月季的最佳消毒时间为10分钟。因此，在选择消毒剂时应注意对外植体的影响，控制消毒时间。

激素配比在继代增殖上十分重要。因此，在藤本月季增殖芽培养的过程中，选择合理的激素浓度组合是十分必要的。

本实验的结论为藤本月季快繁体系的建立提供了参考依据。本实验保存了10种藤本月季的无菌苗，为实验室获得了大量藤本月季优良种质，不仅为种苗工厂化生产奠定了基础，同时也为月季花篱园艺产品后续的研发提供了充足的优质材料。

第五节　月季立体绿化园艺产品研发案例

立体绿化园艺产品是通过使用筛选所得的月季专用品种，盘扎在具有移动性、实用性的专用立体园艺用具上，在适宜的月季专用肥中营造而成，具有装饰室内环境、美化私家庭院以及提升园林内涵的功能。包括以下三类产品：室内装饰产品、私家庭院产品和园林用文创产品。

室内装饰产品以“如我心意”月季花架为例，如图5-13所示。

图5-13　“如我心意”月季花架

本产品是由专用藤本月季攀在“如我心意”构件上，辅以园艺手段营造而成。产品的构件主要是“如我心意”花架（可拆卸安装），由花头、立柱、底盘三部分构成，用于辅助月季攀缘生长、塑造“如我心意”形状，营造“棒棒糖”月季立体景观。简化了“棒棒糖”类大树月季的制作步骤，缩短了其制作周期，并拓展了更多月季品种在“棒棒糖”月季中的应用。

本产品主要作为盆栽装饰美化室内环境，可吸收室内有害物质，为居民打造贴近自然、轻松舒适的室内环境。

私家庭院产品以“即刻成景”月季花篱为例，如图 5-14 所示。

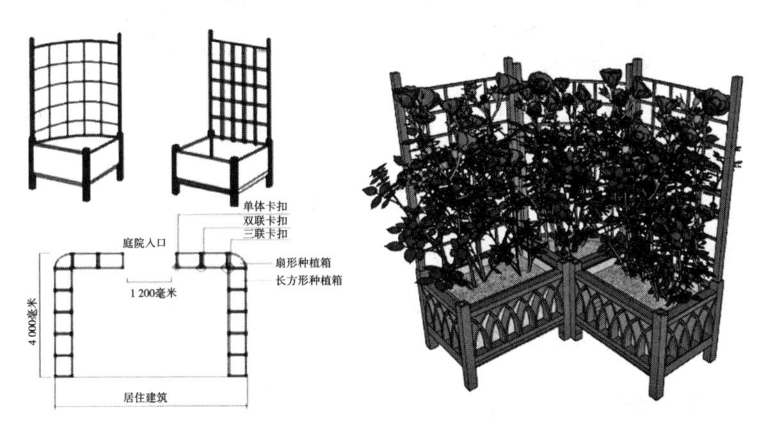

图 5-14 “即刻成景”月季花篱

常见花篱，主要由藤本观花植物攀缘于篱笆之上，经人工修剪后形成的景观，虽被广泛用于公共绿地和庭院绿化，但是仅仅只有装饰、分隔空间的作用，而且花篱的材料也比较沉重，成景后很难运输到活动现场。藤本月季作为花篱的良好植物材料，广泛应用于花篱营造，虽然该类植物生长迅速，但仍需选择适宜的栽植季节，加以修剪整形后，耐心等待才能形成景观。

因此，如何在短时间营造出不仅美观而且不受季节限制、施工时间短、成景快的产品，“即刻成景”花篱的研发就是解决此类问题的有效方法之一。并针对“即刻成景”的特点开发出具有自主知识产权的高端园艺产品，用以丰富园林、园艺市场。

园林用文创产品以“南阳师范学院校徽”立体花坛为例，如图 5-15 所示。

本产品是通过园艺手段，利用藤本月季的自然美，借助立体花坛的形式，展现“南阳师范学院校徽”的图案，最终形成“立体花坛”。产品的构件主要由花架头、立柱、种植槽、安装底板四部分组成，用于种植藤本月季及辅助藤本月季攀缘生长、塑造“校徽”形状，营造出“校徽”立体绿化产品；可作为绿植盆栽或立体花坛；用于室内厅堂或室外园林，起到装饰作用，具有实用价值。

本产品主要用于高校校徽立体花坛的制作，大学校徽是高校校园文化内涵

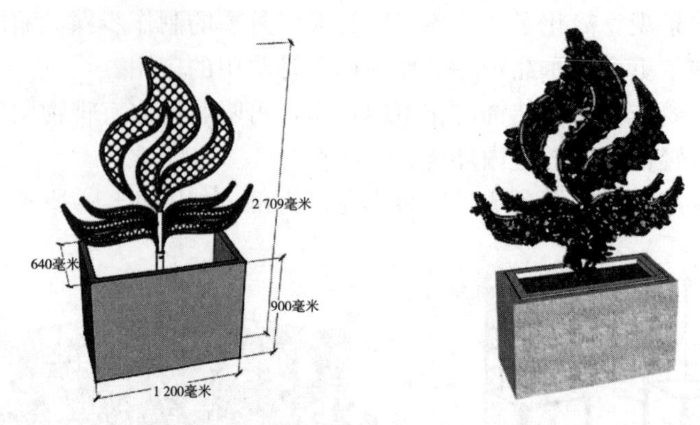

图 5-15 “南阳师范学院校徽”立体花坛

的浓缩，彰显了大学的办学理念和人文精神，是一个学校的标志之一，凸显大学校徽的艺术美和大学的精神内涵。此类园林用文创产品不仅仅局限于校徽使用，其他公司 logo 或标志性、有意义的图标依然适用。

一、月季室内装饰产品

月季室内装饰产品主要以“如我心意”立体花架园艺产品为例进行分析。

（一）立体花架园艺产品的设计理念

1. 立体花架园艺产品设计的立意

立体绿化园艺产品，是以优良藤本月季品种为主要造景材料，采用园林艺术手法辅以园艺技术，将造景材料盘扎在具有移动性、实用性的专用立体园艺用具上，用于装饰室内环境、美化私家庭院以及提升园林内涵的观赏园艺新产品。它是基于市面上树状月季、造型月季的诸多不足，借助园艺技术和园林设计技法，创新性地开发出具有深刻内涵和多种用途的新产品。

树状月季是近年来一种新兴的月季栽培形式，是指以野生蔷薇为砧木、以品种月季为接穗，通过嫁接技术培养而成的树状造型月季。集观花型和观株型于一身，具有较高的观赏价值，深受人们喜爱。树状月季生产成效的决定因素之一就是砧木和接穗之间的亲和力。由于亲和力的问题，致使大量优质多彩的月季品种无法应用到树状月季的栽培中。近年来虽有不少人研究如何解决砧木、接穗之间亲和力的问题，也有人研究用无刺蔷薇来代替野生山木香作砧木，但嫁接操作烦琐，且砧木和接穗的伤口易感染细菌，成活率低。除此之外，树状月季多由大花、丰花嫁接，修剪成不同造型，但造型塑造过于粗糙，缺乏文化内涵，且能嫁接的月季品种生长缓慢，生产投入成本过高。藤本月季枝条柔软，花色丰富，种类繁多，生长迅速，是立体绿化的好材料，因此，本实验以优良藤本月季品种为造景原料，研发一种具有文化内涵的、可安装拆卸、即刻成景的立体绿化园艺新产品，即立体花架园艺产品，用以替代树状月季，丰富市场，满足市场的需求，推动月季产业的发展。

2. 立体花架园艺产品设计的要求及搭配

（1）明确主题

设计主题是贯穿一个设计作品始终的内在寓意，表达了设计作品的核心思想。创新性、独特性、寓意性是立体花架园艺产品的精神内核。一个好的产品不只是一个器具、一个装饰品，它是设计者主观世界的客观表达，更应该有一个能与人们思想产生共鸣的主题存在。只有拥有了主题，产品才能充分体现其独特性、创新性，才具有鲜明的生命力。主题作为产品设计的文化传达语言使人们的生活方式和艺术理念融合在一起，立体花架园艺产品的设计主题主要有以下类型：文化主题、生态主题、保健功能主题、时代主题和地域特色主题，适用于多种场合。明确主题，通过艺术手法塑造主题形态，再用适用于立体花架的藤本月季品种的自然美搭配色彩、季相等相适宜的植物材料，辅以园艺技术，使立体花架园艺产品的主题充分表达，填补当今市场月季产品空有其形的空白，使产品内涵与景观价值得到进一步提高。

（2）颜色搭配

月季种类繁多，花色丰富，可充分满足立体花架园艺产品对不同表达场景颜色的需求。立体花架园艺产品在颜色设计时主要由主题需要、应用场景、花架构件颜色、客户个人喜好及其他搭配植物材料的颜色来决定。不同的颜色给人呈现的感觉截然不同，使用植物色彩搭配是表现设计主题有效且普遍的手段之一。在塑造立体花架时，可通过对比色、类似色或多色系的搭配类型选择藤本月季品种的颜色。

（3）植物搭配

藤本月季是立体花架园艺产品的主要植物材料，在选择搭配所需植物时要注意“主次分明”，避免因杂乱而不能很好地营造造景效果。以藤本月季为主要材料，在立体花架营造初期，待藤本月季种植后，在养护期，种植草本一二年生藤蔓植物，如茑萝、牵牛花等，待藤本月季枝条在花架头成景之后，可不再栽种所搭配的草本植物。除此之外，亦可围绕藤本月季进行其他次植物的搭配，这种主次分明的植物搭配方式主要用于突出立体花架设计主题，起到画龙点睛的作用。选择高度大小不一的植物，按照造景植物高矮的不同进行合理的搭配组合，使得整个立体花架景园艺产品的造景更加活泼、更具有层次感。

（二）立体花架专用园艺用具的开发

1. “如我心意”立体花架园艺用具的设计

根据立意，运用艺术的手法，将传统文化元素“如意”的形状融入花架的设计，设计出“如我心意”花头。通过查阅资料并结合理论与实际，初定“如我心意”立体花架的尺寸、比例。在CAD软件中设计出花架的框架，并通过SU软件建立模型（图5-16）。

2. “如我心意”立体花架园艺用具构件组成

“如我心意”月季花架包括以下构件：“如意”花头、立柱、底盘等（图5-17）；“如意”花头（高35厘米，宽42厘米，骨架呈正三棱柱，其截面正三角形外接圆半径为3.5厘米），主要用于固定盘扎月季枝条，牵引花枝形成中国传统“如意”纹饰；立柱（高约63厘米），主要起支撑“如意”花头，突出月季造型的作用；底盘主要作为花架基础（高约15厘米），预埋土中以防花架倒伏。

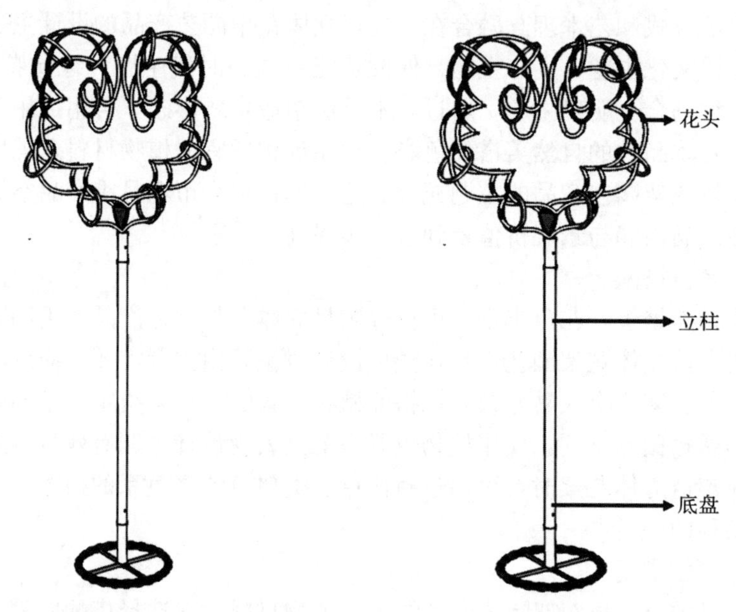

图5-16 “如我心意”花架用具模型　　图5-17 “如我心意”花架用具结构

“如意”花头，主要用于固定盘扎月季枝条，牵引花枝形成中国传统“如意”纹饰。整个花头高35厘米，宽42厘米，由三股5毫米喷塑钢筋形成受力骨架，骨架呈正三棱柱，其截面正三角形外接圆半径为3.5厘米。为防止骨架变形，用5毫米喷塑钢筋“编织”细节部位，形成网状结构，焊接间距以12～15厘米为宜。“如意”花头支撑管选用长60毫米，直径20毫米钢管，焊于花头底部，确保结构稳定；支撑管下端，在自下而上30毫米处（于立柱上端相同位置），开对孔用于装入螺丝，插入立柱后，再用螺母加固构件连接。

立柱（高约63厘米），主要起支撑“如意”花头，突出月季造型的作用；

立柱选用与花头支撑管同型号钢管，长 63 厘米；钢管上端，自上往下 60 毫米采用冷拉技术（冷拉机），缩小管径，使之可以嵌套入花头支撑管内，并在 30 毫米处（于花头支撑管下端相同位置），开对孔，可用螺丝、螺母将花头和立柱固定成一体。立柱钢管下端自下往上 30 毫米处（于底盘支撑管上端相同位置），同样开对孔，用于立柱和底盘支撑管相套后，采用螺丝、螺母加固构件连接。

底盘主要作为花架基础（高约 15 厘米），预埋土中以防花架倒伏；底盘是直径 13 毫米的钢管，首尾相接焊接而成直径 20 厘米的圆环；圆环中焊接由直径 8 毫米钢筋相交的 20 厘米×20 厘米“十字形”用以加固底盘；在“十字形”交点，垂直焊接与花头支撑管、立柱同型号钢管作为底盘支撑管，高 15 厘米；钢管上端，自上往下 60 毫米同样采用冷拉技术，缩小管径，使之可以嵌套进立柱内，并在 30 毫米处（于立柱下端相同位置），同样开对孔，可用螺丝螺母将立柱和底盘固定成一体。使用时，立柱和底盘预埋入土中 20 厘米，以确保花架稳定。

3. “如我心意”立体花架园艺用具的安装

安装方法如图 5 - 18 所示，依照“如我心意”月季花架的组成构件类型和数量备齐：①底盘 1 个；②立柱 1 个；③“如我心意”花头 1 个；④螺丝、螺母各 2 个。

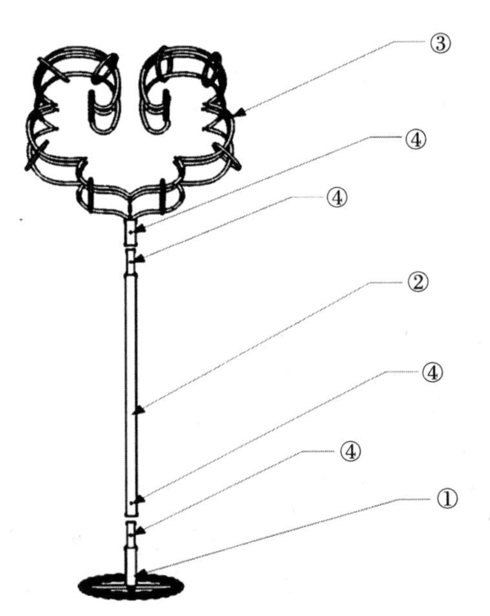

图 5 - 18 “如我心意”花架用具安装

将上述构件置于空旷平地，按照先下后上的顺序，将立柱垂直插入底盘后，旋转对齐两个构件上的对孔，利用1对螺丝、螺母，穿过对孔，加固两个构件；底盘和立柱稳定连接后，立于平地，将“如我心意”花头垂直插入已和底盘固定好的立柱，同样旋转“如我心意”花头，对齐两个构件上的对孔，利用1对螺丝、螺母，加固构件，此时完成了“如我心意”月季花架的安装。

4. “如我心意”立体花架园艺用具的试制

按照1∶60的比例，进行模型打样，制作出立体花架模型。之后将安装好的花架模型置入盆中，在盆中栽培茑萝，塑造造型，探索模型结构的合理性、稳固性及“如意”造型营造的可行性，不断优化模型，完善细节，最终完成“如我心意”花架园艺用具的试制（图5-19）。

图5-19 “如我心意”花架用具试制

5. “如我心意”立体花架园艺用具实物的制作

在优化模型、完善细节的基础上，采用钢筋或环保无污染的新材料（热镀锌材质或者塑钢型材）进行焊接制作，最终制作出具有可安装拆卸、轻便坚固、具有文化内涵的立体绿化园艺用具。花架用具造型美观，可喷涂不同颜色的环保防腐漆，既增加了美观性，又增加花架的使用寿命。花架用具按照尺寸大小的不同，分为大、中、小三种不同的类型（图5-20），可广范地应用于私家庭院、室内装饰和桌头岸边等（图5-21、图5-22）。

图5-20 “如我心意”花架用具实物

图 5-21 “如我心意”立体花架室外应用效果

图 5-22 “如我心意”立体花架应用效果

（三）“如我心意”月季立体花架的研发

使用 5 加仑盆，覆土 10 厘米深，施足基肥，之后将安装好的花架置入盆中，覆土，适当压实后，进入月季的栽培环节。

（1）苗木定植

早春，选择 1 株生长健壮的 2 年生、筛选所得的理想月季品种扦插苗（本实验用的月季品种为筛选获得的 KORtemma），栽植于立柱近旁；如果需要快速成景，可以围绕立柱均匀栽种 2～3 株壮苗。

（2）主枝培养

为促进种苗向上生长，尽快形成花头，定植 1 个月后，注意培养健壮的笋芽形成健壮向上的主枝，及时把萌发的弱枝除去，每株仅留存 2～3 个健壮枝条，向立柱靠近牵引盘扎固定，既可以确保主枝向上生长，还可以保证造型基部不至于杂乱。

（3）花头造型

待主枝生长与立柱平齐时，此时进入花头造型阶段。首先去除顶芽，促进侧芽生长，培养 6 条壮枝，顺着侧枝萌发长势，将其沿着花头钢筋骨架，按照花架头纹路，用 0.1 厘米的铁丝缠绕绑扎，及时去除旁逸枝，后续枝条均按照此方法盘扎，使枝条弯折成“如意”形状，待枝条布满“如意”花头后，及时剪断侧芽，促进侧芽萌发，待侧芽萌发填满整个花头后，静待花蕾绽放，即完成“如我心意”花架园艺产品的营造（图5-23）。

除此之外，亦可使用筛选获得的月季大苗，栽植在具有文化内涵、可安装拆卸的精致立体花架园艺用具中，塑造“如我心意”月季造型，营造出“如我心意”月季园艺产品，在应用中即刻形成景观（图5-24）。

图5-23 “如我心意”月季园艺产品营造

图5-24 “如我心意”月季园艺产品

（四）本产品的应用范围及应用价值

（1）应用范围

立体花架园艺产品具有实用性、可移动性、文化性、环保性的特点，可安装拆卸，即刻成景，且具有大、中、小三种不同的型号，因此它的应用范围更加广泛，不仅可以作主景运用于草坪、花坛、平台装饰、大厅陈设等，亦运用于屋顶花园、小游园等装饰使用，其小型号亦可作为小盆栽，运用于桌头、岸边。

（2）应用价值

①本研发以藤本优良月季品种为主要造景材料，辅以园艺手段，于立体绿

化园艺用具中营造立体花架景观产品，规避了传统树状月季嫁接亲和力不强、缺乏文化内涵等的问题。且本研发中立体花架用藤本月季综合评价体系的建立，为选择优良藤本月季品种提供依据，使藤本月季运用于树状月季造型中，拓展了月季的应用范围。此产品研发流程更是为后续月季产品的研发提供了可借鉴的思路。

立体花架园艺用具代替传统树状月季的砧木，减少了对野生山木香的挖掘，保护了物种多样性，且此园艺用具由环保、无污染的新型材料制作而成，具有环保生态价值。

②此产品具有可移动、拆装简便的特点，能快速运用到不同场景，不仅丰富了月季产品的应用范畴，满足了各类空间的美化、造景需求，而且为我国月季市场提供了高端的、具有技术含量的月季新产品，为月季园艺产品市场注入了新鲜血液。

③本研发采用艺术手法，将无需嫁接的方法运用到更多优良月季品种中，使其类型更加丰富，更能满足人们的需求，且其能够塑造多种立体花架造型，成景快，可移动，具有快速占领相关市场的优势。

二、月季私家庭院产品

月季室内装饰产品主要以“即刻成景”月季花篱园艺产品为例进行分析。随着人们生活水平的提高，其审美观念和欣赏水平也在提高，原来别墅庭院的空地多用于菜地开发，然而由于工作时间的限制以及缺乏种植技术等方面原因，大部分菜地打理得较为粗糙，因而沦落到闲置、荒芜的状态，影响了别墅庭院的整体美观度。在庭院设计中，花篱是比较常用的植物造景形式，将观花植物近距离密植于篱笆，或者将藤本观花植物攀缘于篱笆之上，经人工修剪后就可形成观花篱笆，主要起阻挡视线、美化空间、划分庭院布局的作用。花篱的施工一般包括：开槽、施基肥、栽植和修剪等步骤；通常花篱施工多集中于春、秋两季，为确保植物成活率，在种植完成后，对植物进行重剪，以防过度失水。因此，花篱施工后需待较长时间才能形成有效景观。

本研究针对花篱营造成景周期长的缺点，研发出可移动、拆装简单的“即刻成景”花篱园艺产品的专用园艺用具，从而在用具中进行藤本月季的栽培和造景，在庭院施工中，即刻营造植物景观，并针对“即刻成景”特点开发高档观赏园艺产品，用以丰富园林、园艺市场。

（一）“即刻成景”花篱园艺用具构件的设计

1. 花篱园艺用具构件组成

花篱用具的构件包括：种植箱、爬藤架和固定卡扣等。种植箱，用于栽植藤本花卉，单独使用可做观赏盆栽；组合使用可拼接围合形成一定的封闭空间，用于分隔空间。爬藤架（高 60～90 厘米），用于辅助植物攀缘生长、营造花篱立体景观和屏障视线；固定卡扣，起加强固定作用，用于连接种植箱，防止各个组件移位，构成稳定的一体结构。用具构件采用铸铁材质制成，轻便、坚固，材质更佳。

种植箱的结构及用法：种植箱主要用于栽培藤本花卉，能够组合成各种式样，形似矮墙，起分隔空间的作用，因此，箱底形状设置多为长方形（长 60 厘米，宽 40 厘米），扇形种植箱（长 40 厘米，宽 40 厘米）则常做转角，组合使用可用于形状拼接（围合一定形状）。

种植箱依据箱底形状和功能分为 2 种类型：长方形和扇形。

长方形种植箱：由底盘为长方形的长方体外框（1 个）、长方形移动底盘（1 个）、长方形侧挡板（长边挡板 2 个，宽边挡板 2 个）构成；其中，长方体外框由 4 个开圆孔的立柱（长 50 厘米）构成，从顶端往下取 30 厘米长，在此位置设 4 个水平相接的实心长柱充作横档；立柱垂直向下开沟槽，横档水平向开沟槽，相邻的立柱、横档之间形成卡槽，用于底盘和侧挡板在卡槽内自由插拔，组合形成可盛装栽培基质的种植空间；余下 20 厘米的立柱作为底盘支脚，营造花篱时，起固定支撑种植箱作用；花篱施工时，该支架是种植箱的基础，深埋土壤加固花篱；该种植箱配合长方形爬藤架使用，主要起围合空间的作用（图 5-25）。

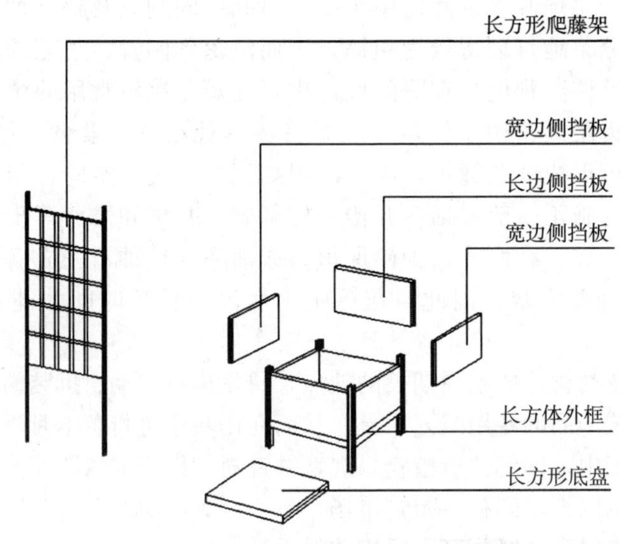

图 5-25　长方形种植箱构件

扇形种植箱：由底盘为 1/4 圆弧扇形的圆柱体外框（简称 1/4 圆柱体外

框，1 个)、直角扇形移动底盘（1 个)、1/4 圆的弧形挡板（1 个)、长方形种植箱中宽边挡板（2 个）构成；其中，外框的等腰直角三角形顶点，设置有 3 个开圆孔的立柱（长 50 厘米)，其中长柱从顶端往下取 30 厘米长，在此位置用实心长柱水平设置 2 个横档和一个 1/4 圆弧档，立柱垂直向下开沟槽，横档水平向开沟槽，相邻的立柱、横档之间形成卡槽，用于扇形底盘、侧挡板和圆弧挡板在卡槽内自由插拔，组合形成可盛装栽培基质的种植空间；余下 20 厘米的立柱作为底盘支脚，营造花篱时，起固定支撑种植箱作用；花篱施工时，该支架是种植箱的基础，深埋土壤加固花篱；该种植箱配合圆弧形爬藤架使用，用于围合空间；该部件主要用于围合不规则形状，常在转角时使用；为使上述 2 种种植箱搭配使用、无缝衔接，扇形种植箱的半径面长度和高度设置与长方形种植箱宽边挡板长度和高度一致（图 5－26)。

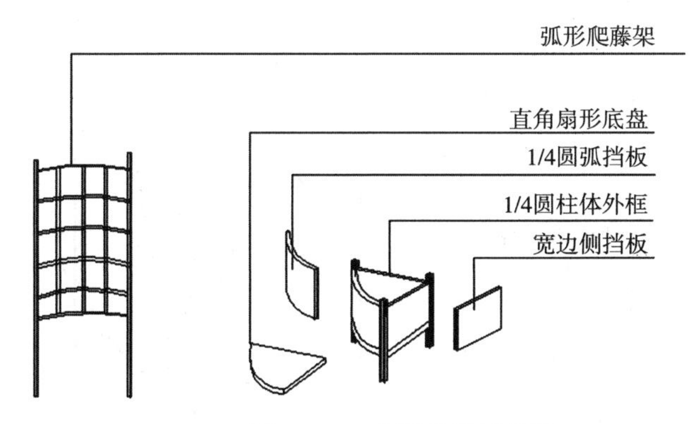

图 5－26　扇形种植箱构件

上述种植箱的底盘可灵活移动，从框架底部能够顺利抽出的作用在于，当藤蔓密布爬藤架，花篱构件营造成一定景观，即可运输到施工现场，放置得当；待施工后期，抽出底盘，使种植箱中的植物接地生长，既能增加花篱植物的土壤肥度，又可使其根植于土壤，增加花篱的稳定性（图 5－27、图 5－28)。

种植箱底部高 20 厘米的支脚，在“即刻成景”花篱构件的营造时，起支持种植箱作用，使底盘悬空便于抽拉拆除；在花篱施工时，将上述种植箱置于 20 厘米深的种植沟上，沟内施 20～25 厘米厚的基肥，之后撤去种植箱底盘，种植箱栽培基质和藤本观花植物随之落入沟中，支脚作为花篱基础，深埋入土，加固花篱，围护空间。

2. 花篱园艺用具各构件安装方法

长方形种植箱安装方法：

依照一个长方形种植箱组成构件类型和数量备齐：①长方体外框 1 个；

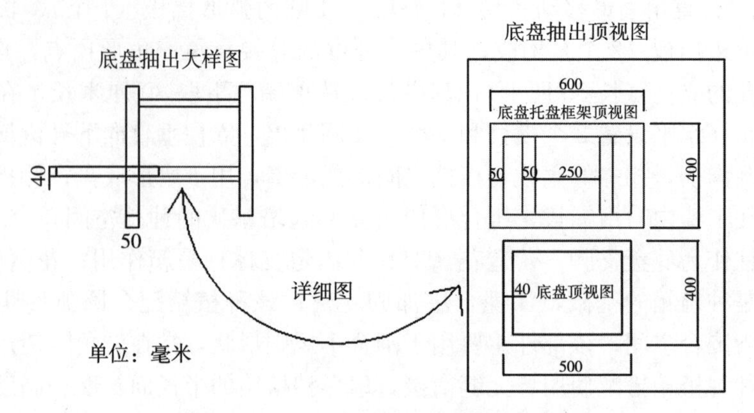

图 5-27　长方形种植箱底盘抽出细节

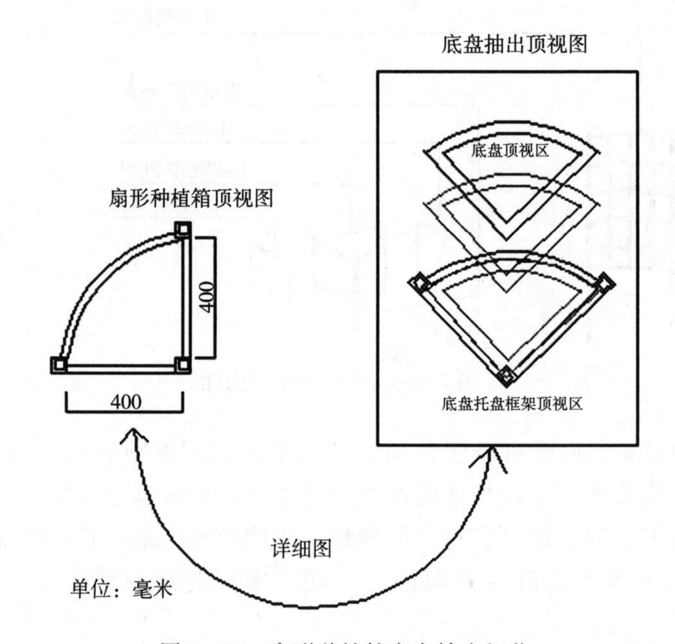

图 5-28　扇形种植箱底盘抽出细节

②长方形底盘 1 个；③长边侧挡板 2 个；④宽边侧挡板 2 个；⑤长方形爬藤架 1 个。

将长方体外框置于空旷平地，把长方形底盘水平插入长方体外框底部水平向卡槽，取 2 个长边侧挡板和 2 个宽边侧挡板，按照卡槽间距（分长边和宽边），分别垂直向下插入长方体外框垂直向卡槽和横档水平向卡槽，从而形成一个封闭的种植空间；手持长方形爬藤架的 2 个支脚，使其顺利插入长方体外框长边的两端深约 50 厘米孔洞；待逐一检查，确保各个构件完全插入长方体外框卡槽或孔洞，此时完成了长方形种植箱的安装，如图 5－29 所示。

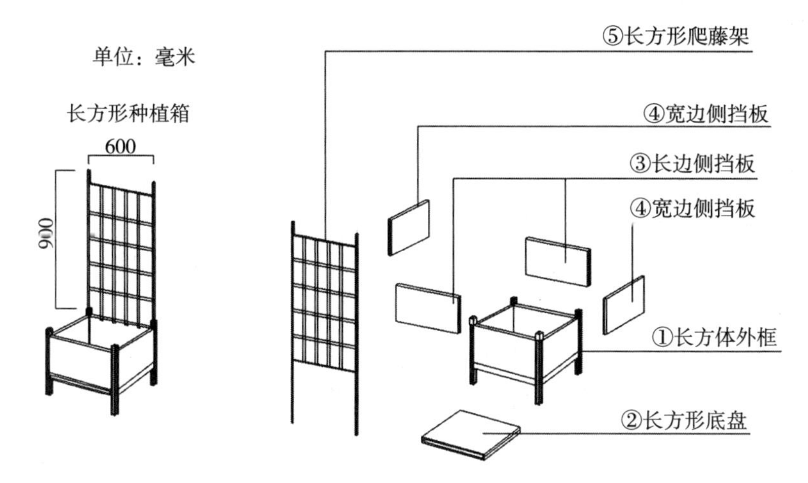

图 5－29　长方形种植箱各构件安装

扇形种植箱安装方法：

依照一个扇形种植箱组成构件类型和数量备齐：①1/4 圆柱体外框 1 个；②直角扇形底盘 1 个；③宽边侧挡板 2 个；④1/4 圆弧挡板 1 个；⑤圆弧形爬藤架 1 个；⑥固定卡扣。

将 1/4 圆柱体外框置于空旷平地，把直角扇形底盘水平插入 1/4 圆柱体外框底部水平向卡槽，取 2 个宽边侧挡板和 1 个 1/4 圆弧挡板，按照卡槽间距和方向，分别垂直向下插入 1/4 圆柱体外框垂直向卡槽、横档以及圆弧挡的水平向卡槽，从而形成一个封闭的种植空间；手持圆弧形爬藤架的 2 个支脚，使其顺利插入 1/4 圆柱体外框圆弧两端深约 50 厘米孔洞；待逐一检查，确保各个构件完全插入 1/4 圆柱体外框卡槽或孔洞，此时完成了扇形种植箱的安装，如图 5－30 所示。

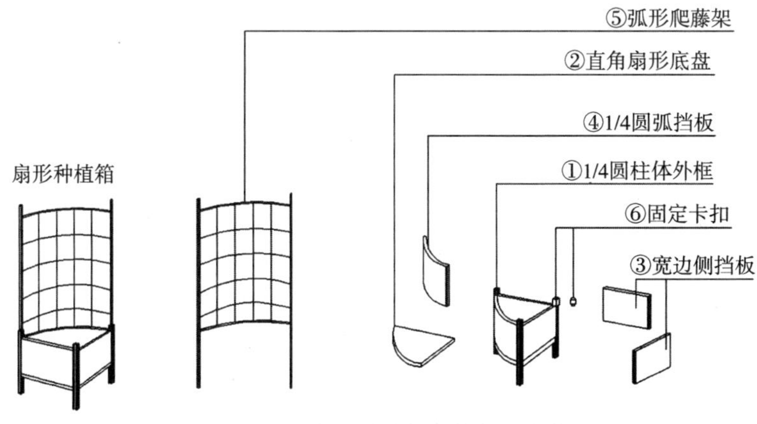

图 5－30　扇形种植箱各构件及安装

3. “即刻成景”花篱在庭院中的拼装方法

根据庭院外围的具体情况（面积、周长、立地条件等），选择适合数量的长方形种植箱和扇形种植箱，通常扇形种植箱用于转角使用；按照“即刻成景”花篱施工方法，依据庭院围墙要求进行开沟、施基肥、摆放种植箱，种植箱摆放好后，就可撤去种植箱底盘，种植箱栽培基质和藤本观花植物随之落入沟中，种植箱支脚作为花篱基础，深埋入土后，根据相邻种植箱的情况，在两个长方形种植箱相邻处插入双联固定卡扣，在转角处两个长方形种植箱和扇形种植箱相邻处插入三联固定卡扣，此时完成了花篱的安装，如图 5－31、图 5－32 所示。

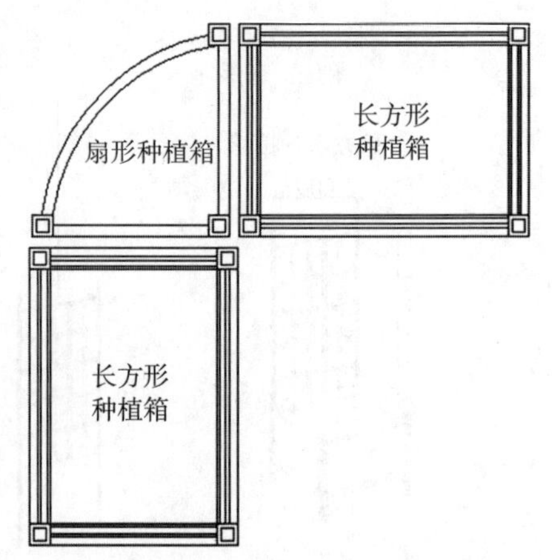

图 5－31　花篱用具组合拼接顶视

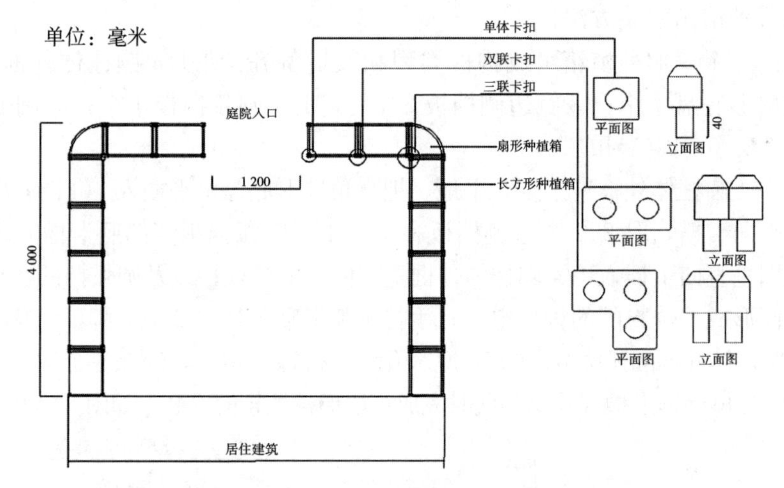

图 5－32　花篱用具庭院拼装

4. “即刻成景”花篱园艺用具实物的制作

在软件 CAD 中设计出用具构件的图纸后，在 Sketup 中画出用具效果图以及在庭院中应用的效果图（图 5－33、图 5－34）；利用 3D 打印技术制作 1∶60 的用具模型（图 5－35），进行用具设计细节的优化，减少误差；最终确定好用具的细节（包括颜色、尺寸、用具材料），进行 1∶1 的实物制作，并进行安装（图 5－35）。

用具实物最终采用铸铁材质制成，铁艺本身特点明显，风格古朴，原材料容易获得，工艺要求较低，有其他材料所不可企及的优势。铁在高温下，柔软如棉，可以根据设计师的要求，锻造出各种独特的造型，但也存在材料较重的缺点，为减少重量，外框的构件设计采用镂空造型，内置无纺布种植袋（图 5－36），用于植物的栽植，将铁艺与现代风格的布艺相结合，不同材质搭配使用，起着扬长避短、相得益彰的作用（图 5－37）。

图 5－33 “即刻成景”月季花篱产品效果

图 5－34 “即刻成景”花篱庭院应用效果

图 5－35 “即刻成景”花篱用具 3D 打印模型

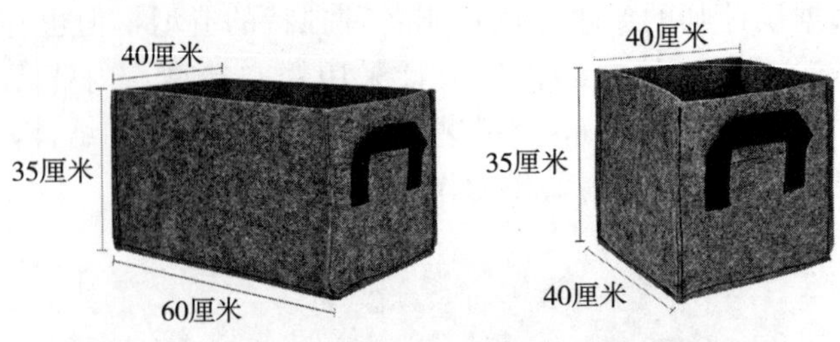

图 5-36 无纺布植物种植袋

图 5-37 “即刻成景”花篱用具实物

5. 产品的营造

（1）花篱构件的营造

在种植箱里培育藤本月季，爬藤架上形成花篱，需要进行种苗定植和修枝整形，步骤如下：①土壤选择：选择特殊土壤配比（腐殖土：椰糠：大粒蛭石：园土=1：2：2：1），确保保水保肥，土壤重量适中，便于后期花篱组装，将上述土壤装盆 2/3 备用；②种苗定植：当年春季，选择主干直径 1.5～2 厘米，生长势一致的 1～2 年生藤本月季扦插苗，栽种后截干，高度控制在 20～25 厘米，每 30 厘米间植一株（如需速成篱笆，可 20 厘米间植一株，还可喷施促进细胞分裂的药剂）；③花篱主枝的选择：定植一个月后，及时把萌发的弱枝除去，每株仅留存 3～5 个健壮枝条，进行造型；④花篱主枝的养护：在不伤害枝条的情况下，将健壮枝条尽可能低地往水平方向、紧贴爬藤架牵引，绑扎于爬藤架基部，同一植株的不同枝条应均匀分布于爬藤架上，不要互相遮挡阳光；⑤花篱主体的整形：牵引主枝水平方向生长后，待延伸至爬藤架横向尽头时，将其慢慢反方向水平牵引，花篱主枝呈“蛇形”布局往复 2～3 次后，可去除顶芽以促侧芽生长；⑥花篱侧枝的诱导：主枝去顶后，其侧芽获得向上生长的机会和空间，及时去除旁逸枝、瘦弱枝，并紧贴爬藤架绑扎侧枝；定期浇水、施肥，即可形成完整密布于爬藤架的花篱雏形，继续养护静待花蕾绽放。

花篱的修枝整形目的：培育种苗诱导生新根，引导主枝搭建花篱主体，使侧枝发育，最后形成高约 90 厘米，枝叶密集的篱笆构件，此时“即刻成景”月季花篱园艺产品营造完成。

（2）花篱在庭院的施工

本产品即可单独使用作盆栽，也可组合用于私家庭院中，根据庭院周围的具体环境（面积、周长、离地条件等）和业主对景观建设的要求来设计，设计者可以选择合适规格、高度、数量和品种的藤本月季种植箱，组合使用，建成即具观赏性，由满架藤本月季种植箱划分出的花篱私密空间就此形成。

包括以下步骤：开沟、施基肥、摆放种植箱等。①开沟：根据已设计好的花篱种植箱布局，在现场放线时，种植沟开挖长宽和走向以种植箱布局为准，注意锹尖要对准放线时白灰线的位置下挖，沟的四周必须是垂直下挖，深度约 20 厘米；②施基肥：施肥量依据种植沟的规格，选用磷钾含量高的腐熟农家肥均匀摊铺在种植沟底，厚度约 10 厘米，其后覆盖 10～15 厘米的种植土，避免藤本月季根系直接与肥料接触；③摆放种植箱：按照种植沟的开挖走向和设计情况，依次摆放种植箱，箱体入沟，位置调整准确，采用固定卡扣将相邻种植箱和爬藤架紧密固定；④抽出种植箱底盘：慢慢抽出种植箱底盘，使种植箱中藤本月季土球，落入种植沟底，踏实松土，及时培土至合适高度并踏实；⑤栽种后，需浇透第一遍水，根据天气情况浇透第二、三遍水，浇水时，防止水流过急冲刷裸露根系，如遇土壤塌陷，苗木倾斜时，要及时扶正、培土。

“即刻成景”月季花篱在庭院中的营造过程中，无需修剪，直接成景。

6. 产品的试制

根据花篱专用藤本月季品种评价方法的筛选结果对不同的月季品种进行产品试制，试制地点为南阳师范西区月季园，试制的月季品种选取综合评价值排名较前的四个月季品种：藤本樱霞、安吉拉、欢笑格鲁吉亚、雀之舞（图 5－38 至图 5－41）。

图 5－38　月季花篱园艺产品的试制——藤本樱霞

图 5－39　月季花篱园艺产品的试制——安吉拉

图 5-40 月季花篱园艺产品的试制——欢笑格鲁吉亚

图 5-41 月季花篱园艺产品的试制——雀之舞

7. 产品的最终制作

本产品的最终制作以月季藤本樱霞为造景材料，盘扎在具有移动性、实用性、拆装简单的花篱专用园艺用具中，形成“即刻成景”月季花篱园艺产品。单独使用分别为长方形花篱用具和扇形花篱用具（图 5-42），组合使用可将多个长方形花篱用具与扇形花篱用具结合，围合形成一定的空间，本文只展示两个长方形花篱用具和一个扇形花篱用具组合形式（图 5-43）。

A.长方形用具

B.扇形用具

图 5-42 “即刻成景”月季花篱用具

图 5-43 “即刻成景”月季花篱园艺产品

8. 产品的应用范围与应用价值

（1）应用范围

“即刻成景”月季花篱园艺产品是立体绿化园艺产品中私家庭院产品的一种，用于美化私家庭院，主要针对高档小区的住户、小型游园、公园、屋顶花园等；也可作为一种新型园林园艺设计投入市场，丰富园林、园艺市场。

（2）应用价值

①本研发针对传统花篱施工的缺陷，通过改进花篱的种植方式和优化施工方法，开发了一种能够即刻成景的花篱园艺新产品，在提高了观赏价值的同时，也加强了造型的可塑性；并且顺应了当前时代园林绿化发展的生态要求。

②本研发为南阳的月季产业服务，使月季的用途和价值得到进一步的发挥；还拓展了月季产品的应用范围和文化内涵，弥补了南阳月季产业科技力量薄弱的缺陷，使其跳出缺乏独立自主知识产权的困境，为南阳月季产业的持续健康发展提供强有力支撑。

③南阳师范学院可以与当地的月季产业龙头企业合作，利用研发中所得的关键技术将成果进行大规模转化，从而更好地推广我们的成果。

9. 产品的成本核算

以一个50平方米的私家庭院的景观建设为例（图 5-44），进行月季花篱园艺产品的成本核算，单个月季花篱园艺产品主要由藤本月季、无纺布植物种植袋、花篱专用用具组成，造景所用的藤本月季品种以三年生藤本樱霞（1.5米左右）为例进行成本核算，无纺布植物种植袋需要放置到花篱专用用具里，因此形状规格和花篱专用用具需保持一致；花篱专用用具的种植箱根据形状和用途分为长方形和扇形，长方形种植箱内需种植藤本月季2株，扇形种植箱内需种植藤本月季1株。从表5-25可以看出，建设一个50平方米的庭院所需产品的总价为9 400元。

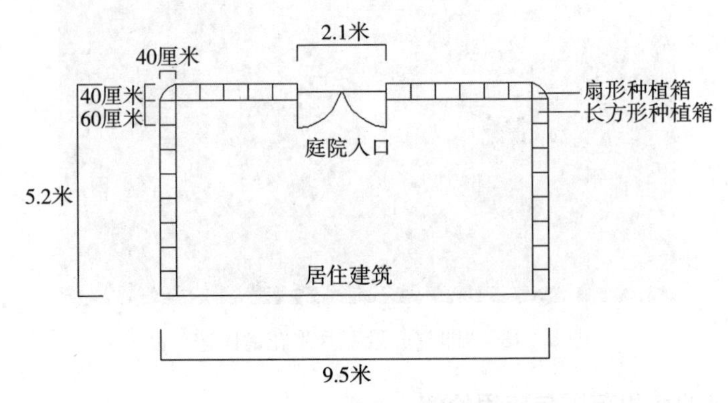

图5-44　50平方米私家庭院景观建设

表5-25　50平方米庭院景观建设所用产品总成本

材料名称	数量（株、个）	单价（元）	总计（元）
藤本樱霞	56	50	2 800
植物种植袋	56	15	840
长方形用具	27	200	5 400
扇形用具	2	180	360
总计			9 400

三、月季园林用文创产品

（一）简述

月季园林用文创产品主要以“南阳师范学院校徽”立体花坛为例进行分析。

藤本植物，尤其是藤本月季，既有绿化环保作用，又有装饰美化效果，是立体花架的良好造景植物材料。大学校徽是高校校园文化内涵的浓缩，彰显了大学的办学理念和人文精神，是一个学校的标志之一。通过园艺手段将藤本植物（藤本月季）的自然美，展现在立体花架上，凸显了大学校徽的艺术美和大学的精神内涵，是观赏园艺手段与文创产品开发创新结合的新领域。因此，拓展藤本观赏植物的应用，丰富立体花架文化内涵，以及延伸观赏园艺产品应用范畴，即由单纯的观赏性延伸至实用性，是当前急需思考的问题。

“南阳师范学院校徽”为一种藤本植物立体花坛，包括花架头、立柱、种植槽、安装底板。花架头主要用于固定盘扎月季枝条，牵引花枝形成校徽纹饰；立柱支撑于花架头的下面；种植槽为上部开口箱体结构，底部中心设有圆孔；安装底板由正方形钢板及钢管构成，钢管位于正方形钢板上面；钢管穿过种植槽底部圆孔，上部连接立柱。本产品通过园艺手段，利用藤本植物（藤本月季）的自然美，借助立体花坛的形式，展现“南阳师范学院校徽”的图案，最终形成“立体花坛”，用于室内厅堂或室外园林，起到装饰作用。

（二）具体实施方式

1.“南阳师范学院校徽”藤本植物立体花坛的构件组成

“南阳师范学院校徽”藤本植物立体花坛包括以下构件：“南阳师范学院校徽”花架头、立柱、种植槽、安装底板等；“南阳师范学院校徽”花架头（高150厘米、宽150厘米）主要用于固定盘扎月季枝条，牵引花枝形成“南阳师范学院校徽”纹饰；立柱（高约87厘米），主要起支撑“南阳师范学院校徽”花架头，突出月季造型的作用；种植槽（长120厘米、宽64厘米、高90厘米），主要用于种植藤本类植物，及充当“南阳师范学院校徽”立体花坛的基座，增加美观性和稳定性的作用；安装底板，由正方形钢板（长7厘米、宽7厘米）及钢管（高约11厘米）构成，主要用于连接立柱与种植槽，增加“南阳师范学院校徽”立体花坛的整体稳定性。上述构件可用钢筋焊接、热镀锌材质或者塑钢型材或者玻璃钢型材制成，轻便、坚固，材质更佳（花架构件的制作和尺寸比例皆为举例，不局限于此）。

2.“南阳师范学院校徽”藤本植物立体花坛的各构件制作及安装方法

（1）“南阳师范学院校徽”藤本植物立体花坛的各构件制作

“南阳师范学院校徽”花架头，主要用于固定盘扎月季枝条，牵引花枝形成“南阳师范学院校徽”纹饰。整个花架头高150厘米、宽150厘米，由月季花头部分（高116厘米、宽98厘米）、花叶部分（呈波浪形，总高47厘米、总宽74厘米）及花架头支撑管（高约34厘米）构成。月季花头部分由直径2厘米喷塑钢管形成受力骨架，为方便后续植物造景，骨架间用2毫米喷塑钢筋“编织”，形成方格爬藤网状结构，网格间距以6厘米为宜。花叶部分由直径2厘米喷塑钢筋形成受力骨架，骨架间用2毫米喷塑钢筋“编织”，形成折线型纹爬藤网状结构，波长约6厘米，适宜即可。花架头支撑管选用长34厘米、直径4厘米的喷塑钢管，钢管上端焊接于月季花头部分，钢管两侧距钢管上端11厘米处焊接花叶部分，钢管下端，自下往上4厘米处（与立柱上端相同位置）开对孔，可用螺丝、螺母将花架头和立柱固定成一体。

立柱（高约87厘米），主要起支撑“南阳师范学院校徽”花架头，突出月季造型的作用；立柱选用长 87 厘米、直径 5 厘米的钢管，立柱钢管上端自上往下 8 厘米采用冷拉技术（冷拉机）缩小管径，使花头支撑管可以嵌套入，并在 4 厘米处（与花架头支撑管下端相同位置）开对孔，可用螺丝、螺母将花架头和立柱固定成一体；立柱下端自下往上 8 厘米处同样采用冷拉技术（冷拉机）缩小管径，使之可以嵌套入安装底板支撑管内，并在 4 厘米处（于安装底板支撑管上端相同位置）同样开对孔，用于和立柱相套后，采用螺丝、螺母加固构件连接。

安装底板主要用于固定立柱与种植槽（高约 11 厘米），使种植箱与立柱相连接，以防花架倒伏；安装底板是由钢板（长 7 厘米、宽 64 厘米、厚 5 毫米）与底板支撑管（直径 5 厘米、高 11 厘米）焊接而成，在距钢板对角线交点垂直距离 28 毫米处形成的正方形的四个顶点上开孔，可用螺丝、螺母将安装底板和种植槽连接，使安装底板和种植槽固定成一体；在钢板对角线交点，垂直焊接与立柱同型号钢管作为安装底板支撑管，高 11 厘米；钢管上端，在自上往下 4 厘米处（与立柱下端相同位置）同样开对孔，可用螺丝、螺母将立柱和安装底板固定成一体。

种植槽主要用于种植藤本植物及充当花坛基座，以增加花坛稳定性。种植槽长 120 厘米、宽 64 厘米、高 90 厘米，边沿宽 5 厘米，由壁厚 10 毫米的玻璃钢压制而成，其中种植槽底板厚约 30 毫米。在种植槽底板对角线交点处开圆孔（直径约为 52 毫米），以使底板支撑管可以从种植槽底部穿过与立柱相连。在距圆心垂直距离 28 毫米处形成的正方形的四个顶点上，均开孔，可用螺丝、螺母将安装底板和种植槽连接，使安装底板和种植槽固定成一体。

(2)“南阳师范学院校徽”藤本植物立体花坛的安装方法

安装方法如图 5-45 所示，依照“南阳师范学院校徽”藤本植物立体花坛的组成构件类型和数量备齐：①安装底板 1 个；②种植槽 1 个；③立柱一个；④“南阳师范学院校徽”花架头一个；⑤螺丝、螺母各 6 个。

将上述构件置于空旷平地，按照先下后上的顺序，将安装底板自下而上穿过种植槽底部的圆孔后，旋转对齐两个构件上的对孔，利用 4 对螺丝、螺母，穿过对孔，加固两个构件；安装底板和种植槽稳定连接后，立于平地，将立柱垂直插入已和种植槽固定好的安装底板支撑管中，同样旋转立柱，对齐两个构件上的对孔，利用 1 对螺丝、螺母，加固构件，使种植槽及立柱连接在一起；稳定连接后，将“南阳师范学院校徽”花架头垂直插入已和种植槽固定好的立柱，同样旋转“南阳师范学院校徽”花架头，对齐两个构件上的对孔，利用 1 对螺丝、螺母，加固构件，此时就完成了“南阳师范学院校徽”藤本植物立体花坛的安装（图 5-46、图 5-47）。

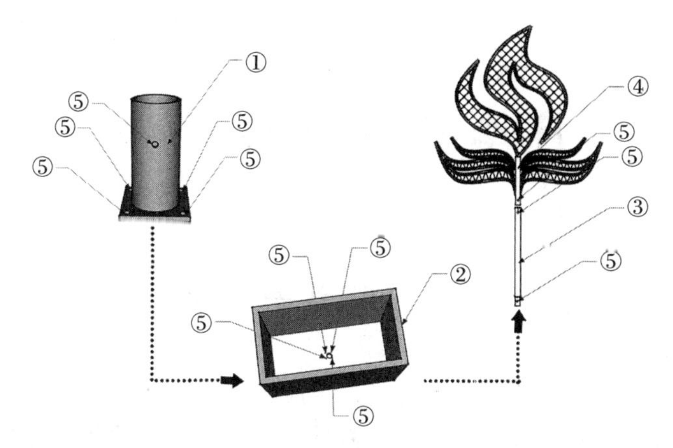

图 5-45 “南阳师范学院校徽”藤本植物花坛安装示意

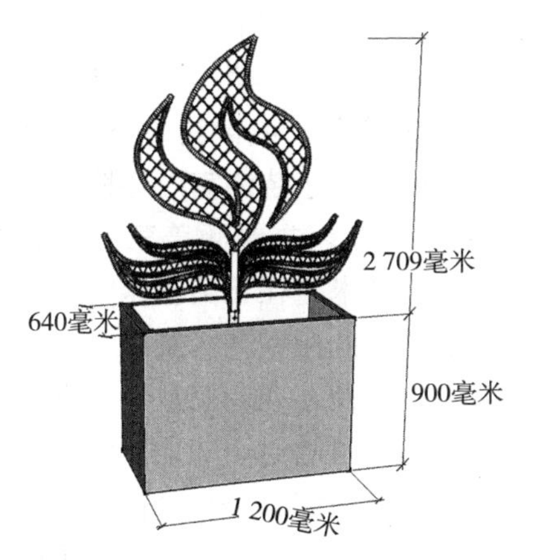

图 5-46 “南阳师范学院校徽”藤本植物立体花坛效果图

图 5-47 “南阳师范学院校徽”藤本植物立体花坛正视图

第六章 月季案头产品

第一节 案头蔷薇概述

随着社会的发展，微景观设计的广泛应用，把森林种进花瓶，将海洋搬入鱼缸，不只是童话故事里的情节了。微景观设计是指以微型的景观元素为设计基础，在限定的空间内以园艺学及美学理论为设计依据，经过严谨的设计构思、合理的功能布局，营造自然精致而多趣、尺度小而完整的微缩园林景观。案头蔷薇是指采用离体培养技术、传统盆景园艺技术辅以人为花期调控技术，以优良微型月季品种为主要造景材料，通过在各色培养基或器具中搭配种植，展现月季花色丰富、花期较长的观赏价值，研发出可用于装饰室内环境、提升园艺内涵及丰富盆栽市场的微型案头观赏园艺新产品，主要涵盖三个产品类型。第一种是蔷薇试管开花产品，它利用离体培养技术，在无菌容器中进行造景，配以颜色各异的培养基，构成具有独特观赏价值的微型艺术景观。第二种是蔷“微”盆景产品，它则是通过传统盆景园艺技术及花期调控技术，将离体保存的月季无菌苗移栽于小型盆景器具中，设计形成可随时、随地、随需开放的“微”盆景。第三种是私人定制产品，它可根据客户需求进行个性定制，还可将产品与中国传统文化和造景元素进行结合，实现定制化服务，满足不同层次消费者的需求。案头蔷薇不仅填补了花卉高端市场的产品空缺，还极大丰富了消费者的选择性。该系列产品整体制作简单、成本低、轻便易携，而且观赏期长、养护方便。并且实现了从室外到室内的延伸，以微缩、精致的方式创造浓缩式自然景观，达到了“人—空间—环境”三者的协调与统一，以此增强人与自然的互动性，提高人们生活的趣味性，满足人们的不同需求，对提升人们的生活品质和居住健康具有巨大的帮助作用。

一、蔷薇试管开花

制作该产品首先需筛选出适合室内养护且稳定开花的月季品种，然后通过离体培养技术，保存并增殖优良的月季品种，并配以颜色各异的培养基，在试管中展示月季绽放的自然美（图 6 - 1），以此弥补离体植物微景观原有产品以绿色植物为主的不足。

图 6-1　月季无菌苗花苞绽放的过程

该产品具有离体开花条件可控、花期不受季节限制；植物在自然状态下的成花时间缩短；从生长到开花整个过程无需浇水施肥，便于打理等特点，具有广阔的市场前景。

二、蔷“微”盆景

该产品是将离体保存的月季无菌苗移栽于小型盆景器具中，通过传统盆景园艺技术辅以花期调控技术，设计形成可随时、随地、随需开放的“微”盆景。

蔷“微”盆景小巧精致且养护简单，可与家里的小摆件、小花瓶等小工艺品组合搭配，置于雅堂高几、文人书案上，具有一种“一花一世界，一叶一菩提”的意境。该产品符合未来盆景特点及发展趋势，具有广阔的市场前景。

三、私人订制产品

私人订制产品主要包括以下几种：

①根据客户需求提供不同花色、不同品种的月季材料。

②根据客户对产品造型、配景装饰、规格等要求，设计制作专属定制产品。

③根据节日花卉所需、使用场景不同，提供节日限定产品。

④根据企业、单位、景区打造品牌联名产品的需求，在产品中融入当地特色文化或元素，赋予产品文化底蕴，制作专属产品。

第二节　案头蔷薇专用月季综合评价体系

本节首先讲述了一种适用于园林地被专用月季品种筛选的评价方法，该评价方法从实用性和观赏性的角度为案头蔷薇专用月季品种筛选评价体系的建立提供理论依据。

一、地被专用月季生长性状指标的确定、测定及评分标准

地被专用月季生长性状包括：$P1$ 株高（厘米）、$P2$ 冠幅直径（厘米）、$P3$ 主茎分枝数（个）、$P4$ 枝下高（厘米）、$P5$ 生长势（厘米）、$P6$ 抗病虫害能力。

（一）株高

*P*1 株高（厘米）的测定方法为：扦插苗上盆一整年时，用卷尺测量植株最高端到盆土的垂直距离，共 10 个数据，求均值；该指标评分标准如下：株高∈(100，∞)，评分为 0；株高∈(60，100]，评分为 1；株高∈(40，60]，评分为 2；株高∈(20，40]，评分为 3；株高∈(10，20]，评分为 4；株高∈(0，10]，评分为 5。

（二）冠幅直径

*P*2 冠幅直径（厘米）的测定方法为：扦插苗上盆满一年后，用卷尺测量植株春季枝繁叶茂时（4 月中旬前后），平面最大的长和宽，取长和宽均值作为冠幅直径，共 10 个数据，求均值；该指标评分标准：冠幅直径∈(0，10]，评分为 1；冠幅直径∈(10，15]，评分为 2；冠幅直径∈(15，25]，评分为 3；冠幅直径∈(25，35]，评分为 4；冠幅直径∈(35，∞)，评分为 5。

（三）主茎分枝数

*P*3 主茎分枝数（个）的测定方法为：扦插苗上盆一整年时，对各植株主茎上的侧枝进行计数，共 10 个数据，求均值；该指标评分标准：主茎分枝数∈(0，4]，评分为 1；主茎分枝数∈(4，6]，评分为 3；主茎分枝数∈(6，∞)，评分为 5。

（四）枝下高

*P*4 枝下高（厘米）的测定方法为：扦插苗上盆一整年时，用卷尺测量各植株主茎最下方的节与盆土之间的垂直距离，共 10 个数据，求均值；该指标评分标准：枝下高∈(10，∞)，评分为 0；枝下高∈(6，10]，评分为 1；枝下高∈(3，6]，评分为 3；枝下高∈(0，3]，评分为 5。

（五）生长势

*P*5 生长势（厘米）的测定方法为：对待评价月季品种进行扦插，插条生根后，选取健壮扦插苗上盆，各品种随机选取 10 个植株并进行编号（1～10）及挂牌标记，用卷尺测量各植株此时株高，记作 h1（厘米），对各品种盆栽进行正常且一致的水肥控制，常规养护，不做特殊修剪，使其自然生长一年；一整年后，用卷尺测量对应编号下植株的株高，记作 h2（厘米）；计算 h2－h1，共 10 个数据，求均值，为生长势（厘米）；该指标评分标准：生长势∈(30，∞)，评分为 0；生长势∈(20，30]，评分为 1；生长势∈(10，20]，评分为 3；生长势∈(0，10]，评分为 5。

（六）抗病虫害能力

*P*6 抗病虫害能力的测定方法为：扦插苗上盆后即可开始观测，观测时长：一年；一年内分别于 3、6、9、12 月中旬，观测各品种随机选取的 10 个植株，是否存在病虫害感染的现象（叶片有无害虫、菌丝、菌斑、畸形，茎秆有无变黑等），记录病株数目。后计算各品种的发病率（发病率＝总病株数目/总观测

数目×100%)，分为五类：弱—发病率∈(80%，100%]、较弱—发病率∈(60%，80%]、一般—发病率∈(40%，60%]、较强—发病率∈(20%，40%]、强—发病率∈[0%，20%]，以此作为抗病虫害能力；该指标的评分标准如下：弱，评分为1；较弱，评分为2；一般，评分为3；较强，评分为4；强，评分为5。

二、地被专用月季观赏性状指标的确定、测定及评分标准

地被专用月季观赏性状包括：*P*7 花色、*P*8 单株花量（朵）、*P*9 单花期（天）、*P*10 四季开花能力、*P*11 花径（厘米）、*P*12 叶色。

（一）花色

*P*7 花色的测定方法为：调查时期为扦插苗上盆满一年后，各品种春季的盛花期（3 月初至 5 月末；盛花期：所调查的某一月季品种 90%及以上盆栽有完全盛开的花朵）；用眼睛观察各品种随机选取的 10 个植株，确定其花色，花色分为两类：纯色（俯视时，花朵颜色一致）、复色（俯视时，同株月季上花朵颜色不一致或同一朵花的花瓣有两种颜色，且颜色分布不均）；地被植物在园林应用中，通常作花带、花海运用，颜色均一且纯度高的植物，造景效果更佳，该指标评分标准如下：复色，评分为 1；纯色，评分为 5。

（二）单株花量

*P*8 单株花量（朵）的测定方法为：调查时期为扦插苗上盆满一年后，各品种春季的盛花期（3 月初至 5 月末；盛花期：所调查的某一月季品种 90%及以上盆栽有完全盛开的花朵）；各品种随机选取的 10 个植株，对单株一次同时存在花量（花瓣颜色可见且未衰老/凋零的花朵/花苞）进行计数，共 10 个数据，求的均值为单株花量（朵）；该指标评分标准：单株花量∈(0，4]，评分为 0；单株花量∈(4，10]，评分为 1；单株花量∈(10，20]，评分为 3；单株花量∈(20，∞)，评分为 5。

（三）单花期

*P*9 单花期（天）的测定方法为：调查时期为扦插苗上盆满一年后，各品种春季的花期（3 月初至 5 月末）；各品种随机选取 10 个植株，各植株随机选取 1 个花蕾挂牌标记，并进行连续性观测，观察其自现色期（现色期：花萼处于花蕾 1/2 处，微微可见花瓣颜色）至衰老期（衰老期：花瓣 1/4 枯萎/凋零）历经的时长，以此作为单花期（天），共 10 个数据，求均值；该指标评分标准：单花期∈(0，7]，评分为 1；单花期∈(7，10]，评分为 2；单花期∈(10，13]，评分为 3；单花期∈(13，16]，评分为 4；单花期∈(16，∞)，评分为 5。

（四）四季开花能力

*P*10 四季开花能力的测定方法为：扦插苗上盆后即可开始观测，观测时长：一年；四季划分的时间节点为立春（2 月 4 日）、立夏（5 月 5 日）、立秋

(8月7日)、立冬(11月8日),观察各品种随机选取的10个植株,在这四个季节中,有无开花现象,分为四类:一季开花、两季开花、三季开花、四季开花,以此作为四季开花能力;该指标评分标准:一季开花,评分为1;两季开花,评分为2;三季开花,评分为3;四季开花,评分为4。

(五)花径

*P*11花径(厘米)的测定方法为:调查时期为扦插苗上盆满一年后,各品种春季的盛花期(3月初至5月末);各品种随机选取10个植株,各植株随机选取1朵完全盛开的花,用卷尺测其直径,共10个数据,求均值;该指标评分标准如下:花径∈(6,∞),评分为0;花径∈(5,6],评分为1;花径∈(4,5],评分为2;花径∈(2.5,4],评分为3;花径∈(1,2.5],评分为4;花径∈(0,1],评分为5。

(六)叶色

*P*12叶色的测定方法为:扦插苗上盆后即可开始观测,观测时长:一年;四季划分的时间节点为立春(2月4日)、立夏(5月5日)、立秋(8月7日)、立冬(11月8日),观察各品种随机选取的10个植株,在这四个季节中叶片的颜色,分为三类:绿色类(无论任何季节,叶片均为绿色)、春色叶类(春季嫩叶或其他季节的新叶有显著不同叶色)、秋色叶类(秋季叶子颜色有显著变化),以此作为叶色;该指标的评分标准如下:绿色类,评分为1;春色叶类、秋色叶类,评分为5。

三、层次分析法确定地被专用月季品种筛选指标权重

(一)构建层析分析模型

为丰富园林应用中地被观赏植物种类,筛选出可适用于园林地被造景的微型月季和地被月季品种,依据园林中地被植物应用特点,建立了3个层次的评价模型。第一层目标层,即适宜的地被专用月季品种;第二层约束层,包括生长性状和观赏性状;第三层指标层,为具体评价指标(表6-1)。

表6-1 层次分析模型

目标层	约束层	指标层
适宜的地被专用月季品种	C1生长性状	*P*1株高、*P*2冠幅直径、*P*3主茎分枝数、*P*4枝下高、*P*5生长势、*P*6抗病虫害能力
	C2观赏性状	*P*7花色、*P*8单株花量、*P*9单花期、*P*10四季开花能力、*P*11花径、*P*12叶色

(二)构建比较矩阵并进行一次性检验

若两因素“同等重要”,则重要因素评分为1;若一因素较另一因素“稍

微重要”，重要因素评分为 3；若一因素较另一因素“较强重要”，重要因素评分为 5；若一因素较另一因素“强烈重要”，重要因素评分为 7；若一因素较另一因素“极端重要”，重要因素评分为 9；两相邻判断的中间值分别为 2、4、6、8；$CI=(\lambda_{max}-n)/(n-1)$，（$\lambda_{max}$为最大特征值，$n$ 为矩阵阶数）；$CR=CI/RI$，查一致性检验 RI 值表可知，当 $n=6$，$RI=1.26$。表 6-2 至表 6-4 为比较矩阵。

表 6-2 比较矩阵 1

目标层	C1 生长性状	C2 观赏性状
C1 生长性状	1	1
C2 观赏性状	1	1

表 6-3 比较矩阵 2

C1 生长性状	P1 株高	P2 冠幅直径	P3 主茎分枝数	P4 枝下高	P5 生长势	P6 抗病虫害能力	权重 W_i
P1 株高	1	1	1/3	1/2	7	8	0.080 4
P2 冠幅直径	1	1	1/3	1/2	7	8	0.080 4
P3 主茎分枝数	3	3	1	2	8	9	0.183 0
P4 枝下高	2	2	1/2	1	8	9	0.126 9
P5 生长势	1/7	1/7	1/8	1/8	1	6	0.019 5
P6 抗病虫害能力	1/8	1/8	1/9	1/9	1/6	1	0.009 9

注：$\lambda_{max}=6.524\ 5$；$CI=0.104\ 9$；$CR=0.083\ 3$。

表 6-4 比较矩阵 3

C2 观赏性状	P7 花色	P8 单株花量	P9 单花期	P10 四季开花能力	P11 花径	P12 叶色	权重 W_i
P7 花色	1	1	5	5	3	8	0.167 9
P8 单株花量	1	1	5	5	3	8	0.167 9
P9 单花期	1/5	1/5	1	1	1/3	4	0.035 5
P10 四季开花能力	1/5	1/5	1	1	1/3	4	0.035 5
P11 花径	1/3	1/3	3	3	1	7	0.080 0
P12 叶色	1/8	1/8	1/4	1/4	1/7	1	0.013 2

注：$\lambda_{max}=6.203\ 4$；$CI=0.040\ 7$；$CR=0.032\ 3$。

上述比较矩阵 1-3，其 CR 值均小于 0.1，均通过一致性检验。

（三）计算单排序向量及权重值

依据上面构建的比较矩阵 1-3，用 Excel 分别计算出约束层和标准层的标准化特征向量，并计算出标准层 12 个指标的权重（W_i），结果如表 6-5 所示。

表 6-5 标准化特征向量及权重值

约束层	C 标准化特征向量	指标层	标准化特征向量	权重（W_i）	排名
$C1$ 生长性状	0.500 0	$P1$ 株高	0.160 8	0.080 4	4
		$P2$ 冠幅直径	0.160 8	0.080 4	4
		$P3$ 主茎分枝数	0.365 9	0.183 0	1
		$P4$ 枝下高	0.253 7	0.126 9	3
		$P5$ 生长势	0.039 0	0.019 5	7
		$P6$ 抗病虫害能力	0.019 8	0.009 9	9
$C2$ 观赏性状	0.500 0	$P7$ 花色	0.335 9	0.167 9	2
		$P8$ 单株花量	0.335 9	0.167 9	2
		$P9$ 单花期	0.071 0	0.035 5	6
		$P10$ 四季开花能力	0.071 0	0.035 5	6
		$P11$ 花径	0.160 0	0.080 0	5
		$P12$ 叶色	0.026 3	0.013 2	8

由表 6-5 可见，各指标的权重值为：W_1=0.080 4，W_2=0.080 4，W_3=0.183 0，W_4=0.126 9，W_5=0.019 5，W_6=0.009 9，W_7=0.167 9，W_8=0.167 9，W_9=0.035 5，W_{10}=0.035 5，W_{11}=0.080 0，W_{12}=0.013 2。

（四）各品种综合评价值的计算

综合评价值的计算方法为：$A=\sum(X_i \times W_i)$，i=1，2，3，…，12，A 为品种综合评价值，X_i 为各指标的分值，W_i 为各指标的权重。

各月季品种均可通过上述方法计算出其特定的综合评价值，综合评价值越高，该品种越适合于园林地被造景。

通过围绕园林中地被植物应用特点，对待评价月季品种扦插苗的以下性状指标进行测定和评分：生长性状如株高（厘米）、冠幅直径（厘米）、主茎分枝数（个）、枝下高（厘米）、生长势（厘米）、抗病虫害能力；观赏性状如花色、单株花量（朵）、单花期（天）、四季开花能力、花径（厘米）、叶色；后通过层次分析法加权，得到其综合评价值，此评分越高，该月季品种越适合于园林地被造景，即覆盖地面效果好、观赏价值高、成景速度快、并能有效减少后期人为养护，本领域人员可以依据本方法进行案头蔷薇专用月季品种的筛选。

四、实施方案

一种适用于案头蔷薇专用月季品种筛选的评价方法，包括以下步骤。

1. 待评价月季品种生长性状指标的测定及评分

第一年 11 月（2020 年 11 月）开始进行某一待评价月季品种的扦插，扦插苗生根后（2020 年 12 月），选取健壮且相似度高的扦插苗上盆，用盆栽进行正常且一致的水肥控制，常规养护，且不做特殊修剪让其自然生长；各品种随机选取 10 个植株作为调查对象，测定其以下 12 个指标，即 *P*1 株高（厘米）、*P*2 冠幅直径（厘米）、*P*3 主茎分枝数（个）、*P*4 枝下高（厘米）、*P*5 生长势（厘米）、*P*6 抗病虫害能力、*P*7 花色、*P*8 单株花量（朵）、*P*9 单花期（天）、*P*10 四季开花能力、*P*11 花径（厘米）、*P*12 叶色；12 个指标的观测时期如下：指标 *P*5、*P*6、*P*10、*P*12 在扦插苗上盆后（2020 年 12 月）即可开始观测，观测时长：一年（2020 年 12 月至 2021 年 12 月）；指标 *P*1、*P*3、*P*4 可在扦插苗上盆一整年时（2021 年 12 月），进行观测；指标 *P*2、*P*7、*P*8、*P*9、*P*11 可在扦插苗上盆满一年后（2021 年 12 月之后），开始观测。

为避免误差，需用卷尺测量的 4 个指标（*P*1 株高、*P*2 冠幅直径、*P*4 枝下高、*P*11 花径），均用卷尺重复测量 3 次取均值后，作为 1 个测定值。

需计算均值的 8 个指标（*P*1 株高、*P*2 冠幅直径、*P*3 主茎分枝数、*P*4 枝下高、*P*5 生长势、*P*8 单株花量、*P*9 单花期、*P*11 花径），各指标在计算均值时，应核对原始资料记载中，是否有特大、特小等异常值的出现，对异常值予以删除处理，删除异常值后再计算均值。

（1）株高

*P*1 株高（厘米）的测定方法为：扦插苗上盆一整年时（2021 年 12 月），用卷尺测量植株最高端到盆土的垂直距离，共 10 个数据，分别为 *a*1、*a*2、*a*3、*a*4、*a*5、*a*6、*a*7、*a*8、*a*9、*a*10，均值得 *a*，查表 6－7 株高（厘米）为 *a* 时对应的分值 X_1，一并记录到表 6－6 中。

（2）冠幅直径

*P*2 冠幅直径（厘米）的测定方法为：扦插苗上盆满一年后（2021 年 12 月之后），用卷尺测量植株春季枝繁叶茂时（2022 年 4 月 15 日前后），平面最大的长和宽，取长和宽均值作为冠幅直径，共 10 个数据，分别为 *b*1、*b*2、*b*3、*b*4、*b*5、*b*6、*b*7、*b*8、*b*9、*b*10，求均值得 *b*，查表 6－7 冠幅直径（厘米）为 *b* 时对应的分值 X_2，一并记录到表 6－6 中。

（3）主茎分枝数

*P*3 主茎分枝数（个）的测定方法为：扦插苗上盆一整年时（2021 年 12

月），对各植株主茎上的侧枝进行计数，共 10 个数据，分别为 $c1$、$c2$、$c3$、$c4$、$c5$、$c6$、$c7$、$c8$、$c9$、$c10$，求均值得 c，查表 6-7 主茎分枝数（个）为 c 时对应的分值 X_3，一并记录到表 6-6 中。

（4）枝下高

$P4$ 枝下高（厘米）的测定方法为：扦插苗上盆一整年时（2021 年 12 月），用卷尺测量各植株主茎最下方的节与盆土之间的垂直距离，共 10 个数据，分别为 $d1$、$d2$、$d3$、$d4$、$d5$、$d6$、$d7$、$d8$、$d9$、$d10$，求均值得 d，查表 6-7 枝下高（厘米）为 d 时对应的分值 X_4，一并记录到表 6-6 中。

（5）生长势

$P5$ 生长势（厘米）的测定方法为：第一年 11 月份（2020 年 11 月）对待评价月季品种进行扦插，插条生根后（2020 年 12 月），选取健壮扦插苗上盆，各品种随机选取 10 个植株并进行编号（1～10）及挂牌标记，用卷尺测量各植株此时株高，记作 $h1$（厘米），对各品种盆栽进行正常且一致的水肥控制，常规养护，不做特殊修剪，使其自然生长一年；一整年后（第二年 12 月，即 2021 年 12 月），用卷尺测量对应编号下植株的株高，记作 $h2$（厘米）；计算 $h2-h1$，为生长势（厘米），共 10 个数据，分别为 $e1$、$e2$、$e3$、$e4$、$e5$、$e6$、$e7$、$e8$、$e9$、$e10$，求均值得 e，查表 6-7 生长势（厘米）为 e 时对应的分值 X_5，一并记录到表 6-6 中。

（6）抗病虫害能力

$P6$ 抗病虫害能力的测定方法为：扦插苗上盆后（2020 年 12 月）即可开始观测，观测时长：一年（2020 年 12 月至 2021 年 12 月）；一年内分别于 3、6、9、12 月中旬，观测各品种随机选取的 10 个植株，是否存在病虫害感染的现象（叶片有无害虫、菌丝、菌斑、畸形，茎秆有无变黑等），记录病株数目。后计算各品种的发病率（发病率＝总病株数目/总观测数目×100%），分为五类：弱—发病率∈(80%，100%]、较弱—发病率∈(60%，80%]、一般—发病率∈(40%，60%]、较强—发病率∈(20%，40%]、强—发病率∈[0%，20%]，以此作为抗病虫害能力；观测结果为弱（或较弱/一般/较强/强），查表 6-7 抗病虫害能力观测结果对应的分值 X_6，一并记录到表 6-6 中。

2. 待评价月季品种观赏性状指标的测定及评分

（1）花色

$P7$ 花色的测定方法为：调查时期为扦插苗上盆满一年后（2021 年 12 月之后），各品种春季的盛花期（2022 年 3 月至 2022 年 5 月；盛花期：所调查的某一月季品种 90%及以上盆栽有完全盛开的花朵，即某月季品种的 10 盆盆栽中，有 9 盆及以上有完全盛开的花朵）；用眼睛观察各品种随机选取的 10 个植株，确定其花色，花色分为两类：纯色（俯视时，花朵颜色一致）、复色

(俯视时，同株月季上花朵颜色不一致或同一朵花的花瓣有两种颜色，且颜色分布不均)；观测结果为纯色（或复色），查表 6－7 花色观测结果对应的分值 X_7，一并记录到表 6－6 中。

（2）单株花量

*P*8 单株花量（朵）的测定方法为：调查时期为扦插苗上盆满一年后（2021 年 12 月之后），各品种春季的盛花期（2022 年 3 月至 2022 年 5 月；盛花期：所调查的某一月季品种 90％及以上盆栽有完全盛开的花朵，即某月季品种的 10 盆盆栽中，有 9 盆及以上有完全盛开的花朵）；各品种随机选取 10 个植株，对单株一次同时存在花量（花瓣颜色可见且未衰老/凋零的花朵/花苞）进行计数，为单株花量（朵），共 10 个数据，分别为 *f*1、*f*2、*f*3、*f*4、*f*5、*f*6、*f*7、*f*8、*f*9、*f*10，求均值得 *f*，查表 6－7 单株花量（朵）为 *f* 时对应的分值 X_8，一并记录到表 6－6 中。

（3）单花期

*P*9 单花期（天）的测定方法为：调查时期为扦插苗上盆满一年后（2021 年 12 月之后），各品种春季的花期（2022 年 3 月至 2022 年 5 月）；各品种随机选取 10 个植株，各植株随机选取 1 个花蕾挂牌标记，并进行连续性观测，观察其自现色期（现色期：花萼处于花蕾 1/2，微微可见花瓣颜色）至衰老期（衰老期：花瓣 1/4 枯萎/凋零）历经的时长，共 10 个数据，分别为 *g*1、*g*2、*g*3、*g*4、*g*5、*g*6、*g*7、*g*8、*g*9、*g*10，求均值得 *g*，查表 6－7 单花期（天）为 *g* 时对应的分值 X_9，一并记录到表 6－6 中。

（4）四季开花能力

*P*10 四季开花能力的测定方法为：扦插苗上盆后（2020 年 12 月）即可开始观测，观测时长：一年（2020 年 12 月至 2021 年 12 月）；四季划分的时间节点为立春（2 月 4 日）、立夏（5 月 5 日）、立秋（8 月 7 日）、立冬（11 月 8 日），观察各品种随机选取的 10 个植株，在这四个季节中，有无开花现象，分为四类：一季开花、两季开花、三季开花、四季开花，以此作为四季开花能力；观测结果为一季开花（或两季开花/三季开花/四季开花），查表 6－7 四季开花能力观测结果对应的分值 X_{10}，一并记录到表 6－6 中。

（5）花径

*P*11 花径（厘米）的测定方法为：调查时期为扦插苗上盆满一年后（2021 年 12 月之后），各品种春季的盛花期（2022 年 2 月 3 日至 2022 年 5 月）；各品种随机选取 10 个植株，各植株随机选取 1 朵完全盛开的花，用卷尺测其直径，共 10 个数据，分别为 *j*1、*j*2、*j*3、*j*4、*j*5、*j*6、*j*7、*j*8、*j*9、*j*10，求均值得 *j*，查表 6－7 花径（厘米）为 *j* 时对应的分值 X_{11}，一并记录到表 6－6 中。

(6) 叶色

P12 叶色的测定方法为：扦插苗上盆后（2020 年 12 月）即可开始观测，观测时长为一年（2020 年 12 月至 2021 年 12 月）；四季划分的时间节点为立春（2 月 4 日）、立夏（5 月 5 日）、立秋（8 月 7 日）、立冬（11 月 8 日），观察各品种随机选取的 10 个植株，在这四个季节中叶片的颜色，分为三类：绿色类（无论任何季节，叶片均为绿色）、春色叶类（春季嫩叶或其他季节的新叶有显著不同叶色）、秋色叶类（秋季叶子颜色有显著变化），以此作为叶色；观测结果为绿色类（或春色叶类/秋色叶类），查表 6－7 叶色观测结果对应的分值 X_{12}，一并记录到表 6－6 中。

表 6－6　案头蔷薇专用月季品种筛选评价指标记载表

品种名称：　　　　　　　　　　　　　　观测日期：　年　月　日—　年　月　日

性状	指标	测定值/观测结果	均值	分值（X_i）
C1 生长性状	P1 株高（厘米）	a1、a2、a3、a4、a5、a6、a7、a8、a9、a10	a	X_1
	P2 冠幅直径（厘米）	b1、b2、b3、b4、b5、b6、b7、b8、b9、b10	b	X_2
	P3 主茎分枝数（个）	c1、c2、c3、c4、c5、c6、c7、c8、c9、c10	c	X_3
	P4 枝下高（厘米）	d1、d2、d3、d4、d5、d6、d7、d8、d9、d10	d	X_4
	P5 生长势（厘米）	e1、e2、e3、e4、e5、e6、e7、e8、e9、e10	e	X_5
	P6 抗病虫害能力	弱/较弱/一般/较强/强（打√）	—	X_6
C2 观赏性状	P7 花色	纯色/复色（打√）	—	X_7
	P8 单株花量（朵）	f1、f2、f3、f4、f5、f6、f7、f8、f9、f10	f	X_8
	P9 单花期（天）	g1、g2、g3、g4、g5、g6、g7、g8、g9、g10	g	X_9
	P10 四季开花能力	开花/未开花（打√）	—	X_{10}
	P11 花径（厘米）	j1、j2、j3、j4、j5、j6、j7、j8、j9、j10	j	X_{11}
	P12 叶色	绿色类/春色叶类/秋色叶类（打√）	—	X_{12}

表 6－7　案头蔷薇专用月季品种筛选评价指标评分标准

性状	指标	分值 X					
		5	4	3	2	1	0
C1 生长性状	P1 株高（厘米）	(0，10]	(10，20]	(20，40]	(40，60]	(60，100]	(100，∞)
	P2 冠幅直径（厘米）	(35，∞]	(25，35]	(15，25]	(10，15]	(0，10]	
	P3 主茎分枝数（个）	(6，∞]		(4，6]		(0，4]	
	P4 枝下高（厘米）	(0，3]		(3，6]		(6，10]	(10，∞)
	P5 生长势（厘米）	(0，10]		(10，20]		(20，30]	(30，∞)
	P6 抗病虫害能力	强	较强	一般	较弱	弱	

（续）

性状	指标	分值 X					
		5	4	3	2	1	0
C2 观赏性状	P7 花色	纯色				复色	
	P8 单株花量（朵）	(20，∞]		(10，20]		(4，10]	(0，4]
	P9 单花期（天）	(16，∞]	(13，16]	(10，13]	(7，10]	(0，7]	
	P10 四季开花能力		四季开花	三季开花	两季开花	一季开花	
	P11 花径（厘米）	(0，1]	(1，2.5]	(2.5，4]	(4，5]	(5，6]	(6，∞)
	P12 叶色	春色叶类/秋色叶类				绿色类	

3. 层次分析法确定案头蔷薇专用月季品种筛选指标权重

由表 6-5 可见，通过层次分析法确定的各指标的权重值为：$W_1=0.0804$，$W_2=0.0804$，$W_3=0.1830$，$W_4=0.1269$，$W_5=0.0195$，$W_6=0.0099$，$W_7=0.1679$，$W_8=0.1679$，$W_9=0.0355$，$W_{10}=0.0355$，$W_{11}=0.0800$，$W_{12}=0.0132$。

4. 案头蔷薇月季品种综合评价值的计算

该品种的综合评价值 $A=\sum(X_i\times W_i)=(X_1\times W_1)+(X_2\times W_2)+(X_3\times W_3)+(X_4\times W_4)+(X_5\times W_5)+(X_6\times W_6)+(X_7\times W_7)+(X_8\times W_8)+(X_9\times W_9)+(X_{10}\times W_{10})+(X_{11}\times W_{11})+(X_{12}\times W_{12})$。

各月季品种均可通过上述方法计算出其特定的综合评价值 A，综合评价值 A 越高，该品种越适合于园林地被造景。

通过围绕案头蔷薇专用月季品种的应用特点，对待评价月季品种扦插苗的以下性状指标进行测定和评分：生长性状如 P1 株高（厘米）、P2 冠幅直径（厘米）、P3 主茎分枝数（个）、P4 枝下高（厘米）、P5 生长势（厘米）、P6 抗病虫害能力；观赏性状如 P7 花色、P8 单株花量（朵）、P9 单花期（天）、P10 四季开花能力、P11 花径（厘米）、P12 叶色；后通过层次分析法加权（W_i），得到其综合评价值（A），此评分越高，该月季品种越适合于案头蔷薇产品的制作。

第三节　离体植物微景观概念

一、离体植物微景观概况

国内外组培技术的快速发展，在观赏植物中的应用也十分广泛，但是将离体培养技术手段与微景观结合生产新型组培微景观艺术品这方面先例较少，因此更增加了研究的必要性。

市面上现有的植物微景观，需要定期浇水施肥，对消费人群打理花卉的能力有额外要求；植物微景观所用基质，没有或鲜有观赏价值，直接影响植物造景美观。此外，微景观造景植物常用苔藓、蕨类、一二年生草本植物，存在以下问题：植物种类单一，局限于某些低等草本植物，与造景材料要求的物种多样性不相符；种植的苔藓、蕨类植物要求高温、高湿的栽培环境，养护不易，容易丧失其观赏价值；由于低等草本植物生命周期短暂，致使该艺术品的观赏期只有一季或者一年。

离体快速繁殖技术可以提高花卉的繁殖速度，为市场提供整齐一致、无病虫害的优良苗木。国内外组培技术的快速发展，对观赏植物的应用也十分广泛，但是在组培微景观艺术品方面没有太多先例，可知该领域市场前景广阔。

（一）离体植物微景观定义

离体植物微景观是本实验室基于市面上微景观的不足，借鉴离体培养技术的优势，创新性地开发的新产品。本实验室将离体植物微景观定义为：通过离体培养技术将具有观赏价值的植物微型化后，在无菌容器中采用艺术手法结合植物自然美进行植物造景，并配以颜色各异的培养基和配饰，最终构成具有独特观赏价值的艺术景观。该产品的优点是不易感染病毒，无需后期打理养护，观赏期长、美观。

（二）离体植物微景观构成

离体植物微景观主要由 3 部分组成：密闭透明容器、培养基质、植物材料。

1. 密闭透明容器

密闭透明容器能够为植物微景观提供造景空间，保证充足的光线投射入容器中供植物生长；密闭透气阻菌的容器密封盖能确保空气在容器中的流通，阻隔真菌、细菌的进入，以弥补现有开敞的造景空间，致使植物失水过快和感染病菌的缺陷。外形美观的玻璃容器不但为幼小植物提供了安全的生长环境，而且也提高了植株的观赏价值。

2. 培养基质

离体植物微景观的培养基为植物生长提供必需的养分，且离体植物微景观的容器为密闭透明容器，因此培养基需要具有较高的透明度，或多彩化，以提高离体植物微景观的观赏价值。培养基的透明化和多彩化可弥补常规微景观栽培基质的单调及观赏性差的缺陷。

3. 植物材料

植物材料主要选择具有观赏价值的木本植物、多年生植物以及彩叶植物，以丰富造景植物材料种类；材料要具有生命周期长的特点，以弥补草本、蕨类植物生命短暂导致观赏期短的缺陷；通过离体培养技术和专用培养基的调控，确保造景植物的微型化，以弥补现有技术难以控制植物生长的缺陷。本研究选用微型月季为主要造景材料，其优势是株型矮小，无需进行微型化的调控，用来当作离体植物微景观的主要造景材料具有先天的优势。

（三）离体植物微景观彩色培养基的选择原则

离体植物微景观在密闭、无菌的空间内生长，培养基质为植物生长提供养分，并具有一定的观赏性。因此本实验室认为离体植物微景观彩色培养基有三个选择原则：不影响植物生长、观赏价值高、消费者接受度高。

彩色培养基作为培养基质为植物提供养分，但在培养基中加入的彩色试剂，不能对微景观产品的存活期造成影响。植物组织培养中，大多数均采用固体培养基，而固体培养基主要以琼脂为支持物；但在实验中观察到琼脂培养基灭菌后颜色浑浊，不利于观察离体植物微景观的整体外观和植物根系的生长情况。离体植物微景观是一款观赏类产品，因此对其外观要求较高。离体植物微景观的彩色培养基是产品构成的关键，产品的研发是为了将产品推入市场并创造价值，彩色培养基的颜色能否受到消费者的喜爱是很重要的一点。在彩色培养基投入市场前，需要通过调查问卷分析出消费者接受度高的颜色及浓度。

（四）离体植物微景观植物的选择原则

离体植物微景观采用具有观赏价值及药用价值的多年生植物铁皮石斛和白及为主要造景植物，辅以草本植物百合、彩叶草以及灌木植物月季、木本植物合欢等多种科属并具有较高观赏价值的材料为景观主体，兼顾了离体植物微景观的观赏价值和药用价值，同时避免了传统微景观所用的苔藓、蕨类等一二年生植物生命周期短暂的缺点，延长了离体植物微景观的观赏周期。

石斛为兰科石斛属植物的学名，属于多年生草本植物。石斛花为总状花序，花色有红、黄、白、绿、紫、复合等色系，多数种类具有香味，花期长达30～50天，是一类有极高观赏价值的花卉。铁皮石斛的干燥茎是一种极为珍稀的中药材，2010版《中华人民共和国药典》把铁皮石斛单列为药材品种。在《神农本草经》中铁皮石斛被列为上品，其主要有益胃生津、滋阴清热等功效。当今，随着时代的发展和生活节奏的加快，越来越多的人处于亚健康的状态，铁皮石斛因其具有药食两用的特殊价值而渐渐受到消费者青睐。然而，铁皮石斛的生长环境极其恶劣，自然产量很低，其野生资源已濒临灭绝，已被国家列为二级保护植物，因此，将铁皮石斛用于离体植物微景观的观赏材料具有更实际的意义。

兰科植物白及，又名良姜、紫兰。白及不仅具有很高的观赏价值，而且是我国重要的中药材之一。近年来随着人们生活水平的提高，受景观花卉市场需求和药用需求强劲增长的影响，我国白及用量也逐年加大，出口显著增多，同时由于长期无限制地人工挖采和生态环境被严重破坏，白及野生资源数量急剧减少。因此打造观赏兼药用相结合的白及离体植物微景观也显得格外重要。

木本植物合欢树形态优美，羽状复叶叶形雅致，利用离体培养技术将合欢微型化后作为景观材料，既能使木本植物在微型景观容器中正常生长，凸显了离体植物微景观材料的多样性，又能满足消费者的猎奇心理。

此外，彩叶草色彩鲜艳、颜色各异，选其作为景观材料，在造景时既可孤植又可与其他材料搭配，使景观色调更丰富。草本植物百合叶片较宽，藤本科月季叶片呈簇状生长，选择这两种植物进行造景可以营造有高有低的层次感，增加离体植物微景观的观赏效果。

（五）离体植物微景观研究意义

本产品的研发通过选取大量具有观赏价值的植株群体，设计消毒实验获得这些植株的无菌苗，进而通过调节培养基的激素水平（改变细胞分裂素浓度和生长素的配比）对无菌苗进行大量扩增，获得足够数量的无菌苗之后，再通过抑制培养基的养分和糖分、添加矮壮素等方法，筛选出既能使无菌植株微型化又不影响植物正常美观生长的最佳配方，以获得适用于离体植物微景观的微型植物，并以筛选出来的微型化配方作为离体植物微景观的最终培养基质，最后在无菌状态下进行景观设计，研发出离体植物微景观产品。技术路线如下：

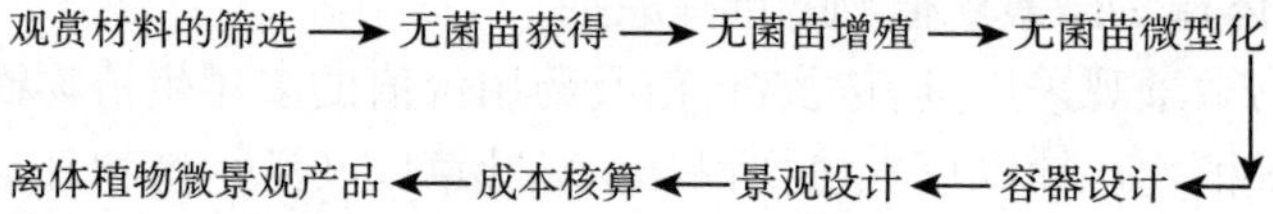

观赏材料的筛选 → 无菌苗获得 → 无菌苗增殖 → 无菌苗微型化
↓
离体植物微景观产品 ← 成本核算 ← 景观设计 ← 容器设计

离体植物微景观产品的研发具有空前的市场价值，较之传统微景观其具有以下实际意义。

①利用现代生物技术和离体培养方法研究植物的快速繁殖及微型艺术产品的开发，突破了传统组织培养技术的应用范围。

②离体植物微景观存活期长且观赏性高：通过配置适宜的基质可以使离体植物微景观存活 2 年甚至更长；培养基的色彩选择性多，可以根据不同的顾客需求配制出不同基质的景观产品；可以通过设计不同的景观形式来打造形态各异的微景观艺术品以增加其观赏价值。

③便于携带，无需打理：离体植物微景观生长在密封、无菌的环境里，方便移动，且与传统微景观不同，其不需要浇水，有固定的培养基质，无需打理除菌，只需偶尔有灯光或者日照环境即可维持正常生长。

④可观根：对于离体植物微景观，人们不仅可以观赏基质上部的花和叶，还可以观赏植物的根，突破了传统微景观只能观赏基质外部景观的局限。

⑤可以驯化移栽：对于离体植物微景观，在需要时可在容器外进行驯化移栽，首先将容器开盖透气一周，进行炼苗，然后洗净植物自带的基质，最后将植物移栽到适宜的营养土里，根据植物的生长习性定期打理即可变成传统微景观，而用于打造离体植物微景观的药用植物如铁皮石斛和白及等还可以用于日常养生。

第四节　试管开花蔷薇产品开发流程

一、产品研发

（一）材料来源

1. 品种筛选

对实验室保存可试管开花月季品种的无性系进行筛选。选择能够稳定开花的品种，将其具芽茎段作为外植体，按照茎节切为1.5～2.0厘米的茎段，每个茎段至少带2个侧芽，之后接入开花诱导培养基；3～4周后，观察各个品种的无性系开花状况，能大量稳定开花的无性系可作为后期产品研发的材料来源。

2. 对能稳定开花无性系的保存增殖

对筛选出的能稳定开花的无性系进行继代处理，操作步骤同上步。继代处理3～4周后，可陆续从上述材料中观察到，月季无菌苗逐渐形成花苞，花苞在7～8天后进入现色期，即花萼位于花苞1/2处，可见花瓣颜色。花苞处于现色期的月季无菌苗，即为试管花的造景材料来源（图6-2）。

图6-2　开花材料的获得

A. 试管开花月季品种无菌苗　B. 茎段继代　C. 无菌苗生长　D. 无菌苗花蕾形成　E. 试管开花花蕾　F. 试管开花月季品种无菌苗获得

（二）产品制作

1. 蔷薇试管开花

（1）花期调控

探究培养基配方、培养室养护条件，调控花期。

（2）多彩培养基的配置

在已探究出能调控花期的培养基配方基础上，加入不同颜色、不同浓度的食用色素，具体为：180 毫克/升宝石蓝、180 毫克/升青绿、180 毫克/升青柠、300 毫克/升辣椒红、660 毫克/升辣椒红，添加时间为：培养基熬煮后灭菌前。将熬煮后且添加色素的培养基，分装到无菌的试管（高径比为 10 厘米∶3 厘米）、微型景观瓶（高径比为 7.0 厘米∶4.7 厘米）或其他组培器皿中，分装体积为组培容器体积的 1/5～1/4，用封瓶膜、棉线/皮筋封口；用牛皮纸包裹试管塞/铝帽；将装有多彩培养基的组培容器及包好的试管塞/铝帽置于高压蒸汽灭菌锅中，121℃灭菌 20 分钟。灭菌完成后，为避免培养基倾斜凝固，将其放置在固定、平稳的台子上，待培养基完全凝固后，形成可观赏、透明度高且颜色鲜艳的多彩培养基，置于超净工作台上备用（图 6－3）。

图 6－3　部分多彩培养基

（3）开花材料的接种

选取花苞处于现色期的月季无菌苗为造景材料，在超净工作台上，用医用剪刀剪取带有 4～5 节茎段的带花苞枝条，确保切口呈斜面状；之后用无菌镊子将带有 1 个花苞的枝条，插入含多彩培养基的无菌试管中，为避免弄破培养基，降低观赏效果，建议使用无菌长镊子将单株产品材料一次性插入培养基，并适当调整好枝条形态和花头方向，营造一枝花的景观效果；最后盖上无菌试管塞/铝帽并用封口膜封口，以确保产品无菌，可以在试管封口处均匀缠上一层彩色胶带以美化封口，最终形成试管开花产品。可将产品与装饰性铁架或用具进行组合，以增加观赏性（图 6－4）。

2. 蔷“微”盆景

已筛选出的能在室内稳定开花的无菌苗或已过观赏期的试管开花产品均可作为微型盆景的主要材料来源。人们可以结合传统盆景园艺技术和花期调控技术，进行设计造景，打造别具一格、随时、随地、随需开放的“微”盆景。

（1）驯化移栽

对已生根的无菌苗进行驯化移栽的方法是，先将培养瓶的盖子打开炼苗 5～7 天，再将小苗从瓶中取出，用水洗去根部残留的琼脂培养基，移栽于装有泥炭、珍珠岩、椰糠混合基质的穴盘中，将穴盘转移至植物生长室中，1 个

图 6-4 试管开花部分产品展示

A—H 无特别意义。

月后将成活植株转移至温室大棚中生长，以待后续应用。

(2) 花期调控

通过物理手段（修剪枝叶）、化学手段（在基质中添加激素）、调控外部环境（温度、湿度、光照）等手段来调控花期。

(3) 装配

借用微景观设计理念，对不同大小、开花颜色的植物材料进行装配。通过配以其他微型植物或者选择器具、配饰等元素，打造出有文化内涵的案头微盆景产品（图 6-5）。

图 6-5 微型盆景部分产品展示

二、创新要点

（一）利用技术进行创新

1. 利用离体培养技术

利用离体培养技术筛选并保存能够在室内稳定开花的月季品种，建立稳定的试管开花体系。此方法可保存大量开花材料，与传统育种方法相比具有成本低、繁殖快、成活率高等优点，为后期蔷薇试管开花产品工厂化生产提供一定的物质基础。

2. 利用传统盆景园艺技术

利用离体培养技术快繁出具有优良特性的微型月季，或使用已过观赏期的试管开花产品，作为微型盆景的材料来源，利用传统微型盆景手法，选择不同大小、形状、花色的月季材料进行设计造景，并可与其他微型植物或不同器具及配饰等进行搭配，于方寸处见自然，使案头月季产品成为文化传承的载体。

3. 利用花期调控技术

通过调配培养基所添加的植物激素的种类及比例，改变培养室的温度、光照等，对试管苗的花期进行调控，满足市场上的不同需求。而蔷"微"盆景则可通过物理手段如修剪枝叶，化学手段如在基质中添加植物激素，以及选择适度的温度、光照、湿度等多种方式对花期进行调控，实现月季盆栽随时、随地、随需开放。

（二）产品创新

1. 三"微"一"快"

三"微"指：体积小、成本少、管理轻松。

案头蔷薇的一系列产品都选用微型月季作为材料来源，弥补了市场上小型盆栽品种的不足，且可放于室内观赏，且方便运输；所用材料无菌苗是通过现代离体培养技术获得的，被病虫危害的概率小，且生长周期短，缩减了生产成本；蔷薇试管开花产品在正常室温、正常光照条件下即可实现试管开花的产品维护，无需浇水施肥，管理轻松。

一"快"指：利用现代组织培养技术培养材料缩短了生长周期，使造景速度加快。

2. 三"新"有内涵

三"新"指：材料创新、方法创新、产品创新。

案头蔷薇是指放在案头的微景观，打造这种景观实现了三个方面的创新：将喜阳的月季搬进室内且能稳定开花，实现了月季材料的创新；在此过程中应用了一系列筛选和保存方法，实现了方法的创新；微景观产品在设计造景过程中可融入中国传统文化及地方特色文化，将微景观产品作为文化传承的载体，做到了产品的创新。

第五节 月季案头产品研发案例

一、离体植物微景观微型月季产品的设计研发

（一）离体植物微景观的设计理念

设计一个微景观组合，要用到空间造型、植物特性、颜色搭配等专业知识，要使离体植物微景观形成有机的整体，要表达设计主题，把握细节是设计的关键。

1. 微景观设计的立意

微景观设计的立意分为两种：一种是因材立意，另一种是因意选材。因材立意是根据材料的个性、神态、特点、气质来确定微景观今后发展的主题。因意选材就是主题思想确定后选取合适的微景观材料来表现主题。离体植物微景观创作的立意，即离体植物微景观的主题思想，就是想表现什么、如何表现？离体植物微景观作品成功与否，与其立意的优劣有直接关系。立意庸俗，当然创造不出造型新颖、具有诗情画意的离体植物微景观来。

2. 微景观的设计要求与搭配

（1）明确主题

想要创作出一个观赏价值高、令人满意的离体植物微景观作品，首先要确定一个主题，即通过这个作品想表达的主要内容，如海洋世界、神秘森林等。主题明确以后，容器选择、颜色设计、植物搭配以及摆件选择等都要围绕着主题进行。

（2）容器选择

容器的形状、材质、颜色等一般根据设计主题的需求进行选择，只要能和主题相协调，可不受限制。玻璃等透明的材质便于全方位欣赏容器内的景象，是目前微景观最常用的容器之一，且离体植物微景观需要一个密闭的环境，市面上现有的可密封的容器均可采用。

（3）颜色设计

当我们由远及近观赏微景观时，首先映入眼帘的是微景观的颜色，然后才是具体的细节，可以说颜色搭配决定微景观给人的第一印象，在颜色设计时，可根据主题的需要选择对比色、类似色或者多色系等颜色搭配。在离体植物微景观的颜色设计中，不仅要搭配植物材料之间的颜色，还要对植物材料与培养基的颜色进行搭配；选择一款合适的容器，将类似色的植物和培养基搭配在一起，会使整个微景观有共性又有变化，培养基与植物间的色彩不会相互冲突，又能产生层次感。

（4）植物搭配

植物材料是微景观的主体，在选择植物时首先要注意“主次分明”。可选择一株或几株“主”造景植物作为重点，一般所选的植物在形态上大于其他植物，然后围绕着“主”植物进行“次”植物的搭配，这种主次分明的植物搭配方式能突出设计主题和造景中心，起到画龙点睛的作用。选择高度大小不一的植物，按照造景植物高矮的不同进行合理的搭配组合，便于从各个方向对作品进行观赏，整个景观的造景也会更加活泼、更有层次感。

（5）摆件选择

摆件是微景观不可或缺的一部分，适宜的摆件可以凸显设计主题、提高作品的趣味性和观赏性。摆件的种类繁多，如建筑物摆件、生活静物摆件、小动物摆件、卡通人物摆件、石头摆件、木头摆件等。设计时可以根据主题的需要选择相适宜的摆件。

（二）离体植物微景观微型月季产品的设计

离体植物微景观微型月季产品，以微型月季为主要造景材料，并搭配其他辅助造景无菌苗（表6-8、图6-6）。通过“因材立意”和“因意选材”的造景设计立意来设计微型月季微景观的主题，并通过辅以彩色的培养基质提高微景观的观赏价值，搭配适宜的摆件丰富微景观的主题。

表6-8 植物配置

序号	品种	株高/厘米	半径/厘米	栽培类型	颜色
1	冬梅	1.5	1	组培	浅绿
2	金太阳	2.5	1.5	组培	深绿
3	尼克尔	2.3	0.5	组培	绿色
4	小女孩	1.7	1	组培	绿色
5	白柯斯特	1.5	1	组培	绿色
6	石斛	2	0.2	组培	紫、绿色
7	白及	2.5	0.3	组培	绿色
8	合欢	3	1.5	组培	浅绿
9	烟草	4	1.5	组培	绿色
10	彩叶草	2	0.5	组培	紫色

1. “因材立意”的产品设计

月季是南阳大力发展的农业产业之一，将月季作为离体植物微景观的主要造景材料，不仅可以拓展月季的产业链，还可以因地制宜地推广离体植物微景观。

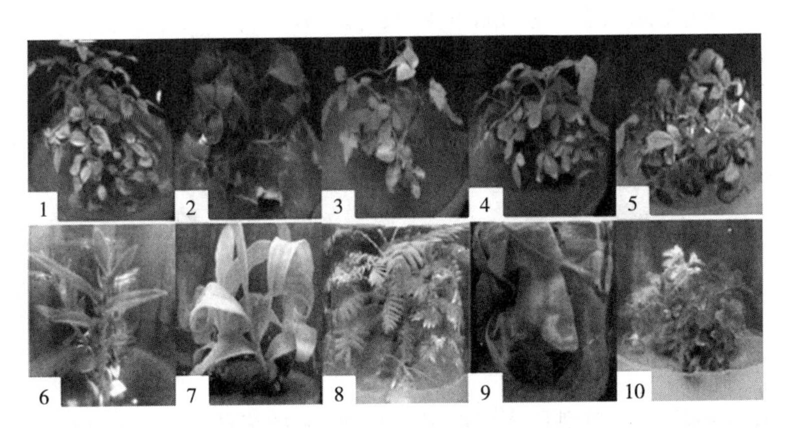

图 6-6 植物配置

1. 冬梅 2. 金太阳 3. 尼克尔 4. 小女孩 5. 白柯斯特 6. 石斛 7. 白及 8. 合欢 9. 烟草 10. 彩叶草

"因材立意"的产品可设计为一款微型月季的生态景观。把"微型月季微景观"定位于观赏类型的教育载体，即在透明培养基中接种单一植物，可观叶、观根，观察植物的生长状态（图 6-7）。

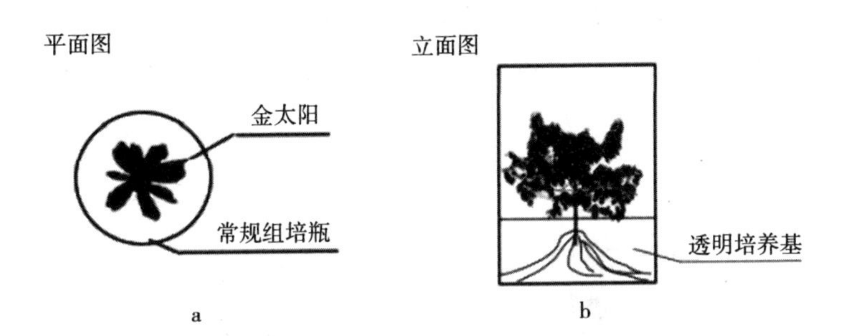

图 6-7 "金太阳"微景观详图

植物材料品种：微型月季金太阳，2.5 厘米的成苗。

培养基质：透明培养基，50 毫升。

容器：常规组培瓶。

预计存活时间：540 天。

2. "因意选材"的产品设计

(1)"海上花园"

本次微景观的设计主题为"海上花园"，以株高较高的微型月季尼克尔为主要材料，辅以白及、石斛，使景观瓶内的微景观从浅绿到深绿、从低到高相递进，再辅以紫色的彩叶草，丰富微景观内的颜色花样，搭配宝石蓝色培养基，达到一种微缩的海上花园的景象（图 6-8）。

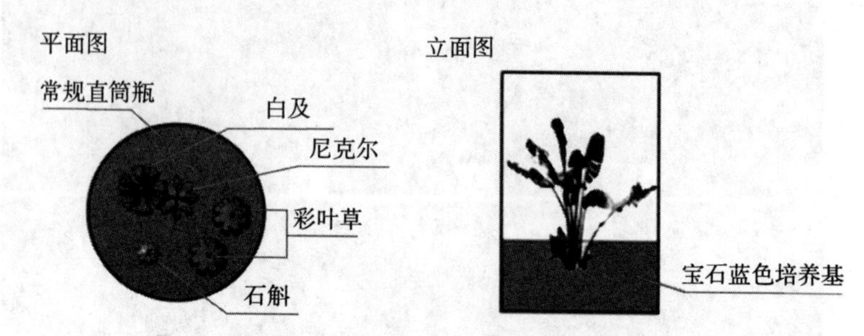

图 6-8 “海上花园”微景观详图

植物材料品种：微型月季尼克尔，2.3 厘米的成苗；白及，3 厘米的成苗；彩叶草，0.5 厘米的成苗；石斛，2 厘米的成苗。

培养基质：宝石蓝色培养基，100 毫升；色素浓度为 180 毫克/升。

容器：常规直筒玻璃瓶，带木塞。

预计存活时间：360 天。

（2）“小小森林”

本次微景观的设计主题为“小小森林”，植物材料以株型较矮、浅绿色的微型月季“冬梅”搭配浅绿色的合欢和绿色的石斛，颜色相近但高低错落；并辅以小蘑菇饰品，以青绿色培养基为基础，营造一种童话故事里的小森林的景象（图 6-9）。

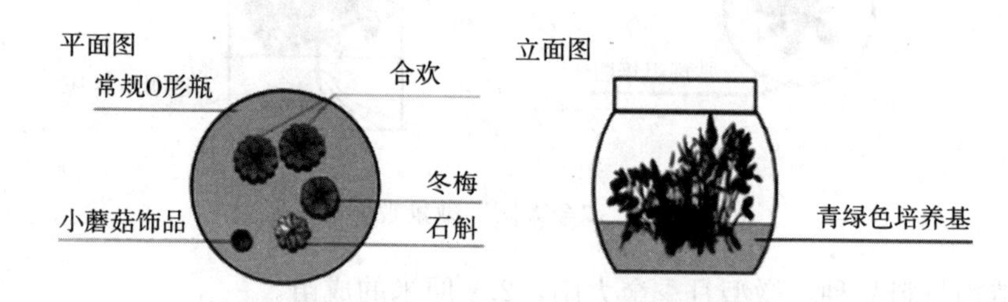

图 6-9 “小小森林”微景观详图

植物材料品种：微型月季冬梅，1.5 厘米的成苗；合欢，2.5 厘米的成苗；石斛，2.3 厘米的成苗。

培养基质：青绿色培养基，100 毫升；色素浓度为 30 毫克/升。

容器：常规 O 形玻璃瓶，带木塞。

摆件：小蘑菇，8 毫米×11 毫米，红色。

预计存活时间：360 天。

3. 离体植物微景观微型月季产品成品

图 6－10 是微型月季“金太阳”“海上花园”“小小森”的成品图。

微型月季“金太阳”

“海上花园”

“小小森林”

图 6－10 离体植物微景观成品

二、几种微景观植物的快繁及微型化处理研究

（一）微景观植物研究的内容及意义

1. 实验材料

（1）离体植物微景观的植物材料

①合欢外植体来源于 7 月份南阳师范学院东区校园内生长的多年生合欢树，选择具有饱满且幼嫩的合欢荚果作为初始材料；彩叶草外植体以购自网店的彩叶草种子作为初始材料。

②铁皮石斛、白及、月季、百合为本实验室保存的一年龄组培苗，铁皮石斛分别选取茎段和原球茎作为实验材料，白及选择球茎作为材料，百合选择鳞茎作为材料，月季选取直径、长短相等的具节茎段作为供试材料。

（2）实验仪器设备

苏净 Air Tech 超净工作台、上海申安高压灭菌锅、照相机、电子天平、电炉、接种器械、灭苗器等。

（3）实验试剂

硝酸铵（NH_4NO_3）、高锰酸钾（$KMnO_4$）、硝酸钾（KNO_3）、二水氯化钙（$CaCl_2 \cdot 2H_2O$）、七水硫酸镁（$MgSO_4 \cdot 7H_2O$）、磷酸二氢钾（KH_2PO_4）、四水硫酸锰（$MnSO_4 \cdot 4H_2O$）、碘化钾（KI）、七水硫酸锌（$ZnSO_4 \cdot 7H_2O$）、硼酸（H_3BO_3）、六水氯化钴（$CoCl_2 \cdot 6H_2O$）、五水硫酸铜（$CuSO_4 \cdot 5H_2O$）、乙二胺四乙酸二钠（EDTA－2Na）、七水硫酸亚铁（$FeSO_4 \cdot 7H_2O$）、烟酸

($C_6H_5NO_2$)、盐酸吡哆醇（VB_6）、盐酸硫胺素（VB_1）、肌醇（$C_6H_{12}O_6$）、甘氨酸（$C_2H_5NO_2$）、无水乙醇（C_2H_6O）、盐酸（HCl）、激动素（KT）、6-苄氨基嘌呤（6-BA）、萘乙酸（NAA）、乙哚丁酸（IBA）、噻苯隆（TDZ）等。以上试剂均为分析纯试剂。

2. 离体植物微景观材料的消毒

（1）合欢外植体消毒

7月中旬，选取具有饱满且幼嫩的合欢荚果（7～10粒）作为初始材料；将所取荚果用流水冲洗30～60分钟，去除荚果表面携带的部分杂菌及粉尘。流水冲洗荚果后，选取表皮未被冲断破碎的完整荚果，将冲洗过的荚果在超净工作台上进行表面消毒，用95%酒精浸泡7分钟，弃去酒精，用无菌水冲洗3～5次后备用；之后将上述无菌荚果在无菌滤纸上吸干水分后用无菌手术刀沿边缘剪开，取出果实充作外植体，接种于MS培养基中。

2周后统计污染率、存活率以及MS培养基诱导种子萌发率和萌发系数，种子萌发形成一个完整的芽即计数为一个苗。

（2）彩叶草外植体消毒

将购得的种子在超净工作台用紫外线照射20分钟，后用75%酒精浸泡45秒，弃去酒精，用无菌水冲洗1～3次，最后用无菌滤纸吸干水分，将种子接种于MS培养基中。

2周后统计种子的污染率、存活率以及MS培养基诱导种子萌发率和萌发系数，种子萌发形成一完整的芽即计数为一个苗。

3. 离体植物微景观植物材料快繁配方的筛选

（1）不同激素组合对铁皮石斛增殖的影响

①铁皮石斛原球茎增殖方法。以MS培养基为基本培养基，添加不同浓度的细胞分裂素KT和6-BA，附加3%蔗糖、0.8%琼脂（以下增殖配方培养基蔗糖和琼脂浓度均一样）、5%土豆泥和0.5毫克/升IBA生长素。挑选生长状况良好且较均一的原球茎，将原球茎切成面积约0.5厘米×0.5厘米的小块，将小块接种到添加不同细胞分裂素配比的增殖培养基中（表6-9）。

表6-9 铁皮石斛增殖培养基中不同激素浓度组合

实验编号	基本培养基	IBA（毫克/升）	6-BA（毫克/升）	KT（毫克/升）
A1	MS	0.5	0.5	—
A2	MS	0.5	1.0	—
A3	MS	0.5	1.5	—

（续）

实验编号	基本培养基	IBA（毫克/升）	6-BA（毫克/升）	KT（毫克/升）
A4	MS	0.5	2.0	
A5	MS	0.5	2.5	—
B1	MS	0.5	—	0.5
B2	MS	0.5	—	1.0
B3	MS	0.5	—	1.5
B4	MS	0.5	—	2.0
B5	MS	0.5	—	2.5

设置 10 个处理，其中每个处理 10 瓶，每瓶接种 3 个原球茎块，调节培养基 pH 至 6.0。培养条件为温度 26℃，光照强度 2 000 勒克斯，时间 12 时/天（以下所有实验 pH 及培养条件均一样），培养时间为 60 天，每 30 天统计各个处理的增殖系数、增殖率、生长状况等。

②铁皮石斛茎段增殖方法研究。以 MS 培养基作为基本培养基，添加不同浓度的细胞分裂素 KT 和 6-BA、5%土豆泥以及 0.5 毫克/升 IBA 生长素。挑选生长状况良好、带节的、直径约 3 毫米、长度约 2 厘米的茎段接种到添加不同细胞分裂素配比的增殖培养基中（表 6-9）。

设置 10 个处理，每个处理 10 瓶，每瓶接种 3 个茎段，培养时间为 60 天，每 30 天统计各个处理的增殖系数、增殖率、生长状况等。

（2）不同激素组合对白及增殖的影响

以 MS 培养基作为基本培养基，添加不同浓度的细胞分裂素 KT 和 6-BA、10%土豆泥、10%香蕉泥和 0.5 毫克/升 IBA 生长素。选择直径约为 1 厘米的球茎作为外植体接种到添加不同细胞分裂素配比的增殖培养基中（表 6-10）。

表 6-10 白及增殖培养基中不同激素浓度组合

实验编号	基本培养基	IBA（毫克/升）	6-BA（毫克/升）	KT（毫克/升）
E1	MS	0.5	0.5	—
E2	MS	0.5	1.0	—
E3	MS	0.5	1.5	—
E4	MS	0.5	2.0	—
E5	MS	0.5	2.5	—
F1	MS	0.5	—	0.5

（续）

实验编号	基本培养基	IBA（毫克/升）	6-BA（毫克/升）	KT（毫克/升）
F2	MS	0.5	—	1.0
F3	MS	0.5	—	1.5
F4	MS	0.5	—	2.0
F5	MS	0.5	—	2.5

设置10个处理，每个处理10瓶，每瓶接种3个外植体，培养时间为60天，每30天统计各个处理的增殖系数、增殖率、生长状况等。

（3）不同激素组合对月季增殖的影响

以MS培养基为基本培养基，研究不同浓度组合的细胞分裂素6-BA和生长素NAA对月季增殖的影响。取长度约为1.5厘米的带节茎段接种到添加不同6-BA与NAA组合的增殖培养基中（表6-11）。

表6-11 月季增殖培养基中不同激素浓度组合

实验编号	基本培养基	6-BA（毫克/升）	NAA（毫克/升）
G1	MS	1.0	0.05
G2	MS	1.5	0.05
G3	MS	2.0	0.05
G4	MS	2.5	0.05
G5	MS	1.0	0.1
G6	MS	1.5	0.1
G7	MS	2.0	0.1
G8	MS	2.5	0.1

设置8个处理，其中每个处理10瓶，每瓶接种3个外植体。培养周期为60天，每30天统计各个处理的增殖系数、增殖率、生长状况等。

（4）不同激素组合对合欢增殖的影响

以MS培养基作为基本培养基，添加不同浓度的IBA和6-BA。挑选长度约为2厘米的合欢茎段作为材料接种到添加不同激素配比的增殖培养基中（表6-12）。

设置8个处理，每个处理10瓶，每瓶接种3个茎段，培养时间为45天，统计各个处理增殖系数、增殖率、生长状况等。

表 6-12 合欢增殖培养基中不同激素浓度组合

实验编号	基本培养基	IBA（毫克/升）	6-BA（毫克/升）
H1	MS	0.3	—
H2	MS	0.3	—
H3	MS	0.3	—
H4	MS	0.3	—
H5	MS	0.3	0.5
H6	MS	0.3	1.0
H7	MS	0.3	1.5
H8	MS	0.3	2.0

（5）不同激素组合对百合增殖的影响

以 MS 培养基为基本培养基，添加不同浓度的 6-BA 和 KT，附加 0.5 毫克/升 IBA。挑选生长状况良好的直径约为 1 厘米的百合鳞茎作为材料，接种到添加不同激素配比的增殖培养基中（表 6-13）。

表 6-13 百合增殖培养基中不同激素浓度组合

实验编号	基本培养基	6-BA（毫克/升）	KT（毫克/升）	IBA（毫克/千）
K1	MS	0.5	—	0.5
K2	MS	1.0	—	0.5
K3	MS	1.5	—	0.5
K4	MS	2.0	—	0.5
K5	MS	—	0.5	0.5
K6	MS	—	1.0	0.5
K7	MS	—	1.5	0.5
K8	MS	—	2.0	0.5

设置 8 个处理，其中每个处理 10 瓶，每瓶接种 3 个鳞茎，培养时间为 60 天，每 30 天统计各处理增殖系数、增殖率、生长状况。

（6）不同激素组合对彩叶草增殖的影响

以 MS 培养基作为基本培养基，添加不同浓度的 6-BA 和 KT，附加 0.1 毫克/升 IBA。挑选生长状况良好的长短约为 1 厘米的带节彩叶草茎段作为材料，接种到添加不同激素配比的增殖培养基中（表 6-14）。

表 6-14　彩叶草增殖培养基中不同激素浓度组合

实验编号	基本培养基	IBA（毫克/升）	6-BA（毫克/升）	KT（毫克/升）
L1	MS	0.1	0.5	—
L2	MS	0.1	1.0	—
L3	MS	0.1	1.5	—
L4	MS	0.1	2.0	—
L5	MS	0.1	—	0.5
L6	MS	0.1	—	1.0
L7	MS	0.1	—	1.5
L8	MS	0.1	—	2.0

设置 8 个处理，其中每个处理 10 瓶，每瓶接种 3 个茎段，培养时间为 45 天，统计各个处理增殖系数、增殖率、生长状况。

4. 离体植物微景观材料微型化的研究

（1）蔗糖和基本培养基对合欢微型化的影响

以 MS 培养基作为基本培养基和对照培养基，添加不同浓度的蔗糖，附加 0.8%琼脂，研究蔗糖添加量对合欢微型化的影响（表 6-15）；研究1/2MS、1/4MS、1/8MS 和 1/16MS 对合欢微型化的影响。

表 6-15　合欢微型化培养基中蔗糖浓度和基本培养基浓度

实验编号	基本培养基	蔗糖（克/升）
M1	1/2MS	30
M2	1/4MS	30
M3	1/8MS	30
M4	1/16MS	30
M1	MS	30
M2	MS	15
M3	MS	7.5
M4	MS	3.75

挑选生长状况良好长度约为 3 厘米的无根合欢组培苗作为材料，分别接种到添加不同浓度蔗糖和不同基本培养基的微型化培养基中。每个处理 20 瓶，每瓶接种 2 个组培苗，培养时间为 90 天，统计各个处理的高度和生长状况等。

（2）其他植物材料微型化的研究

以已获得的 6 种无菌离体植物微景观观赏苗为外植体，选取生长状况良好、株高完全一致的去根组培苗，将合欢微型化实验设计筛选出的最佳微型化配方运用到离体植物微景观的6种植物材料中，分别进行单独培养和组合培养，观察6种材料在此微型化配方中的生长状况，统计单独培养与多种材料组合培养时各种材料每个月的长势，测量株高，观察失绿情况，测算培养基的消耗率，以及多种植物组合培养时植物之间是否互相影响等，验证此微型化配方是否可以作为最佳生长配方直接运用于离体植物微景观产品。

5. 铁皮石斛试管开花的研究

（1）TDZ对铁皮石斛试管开花的影响

以MS培养基作为基本培养基，在MS+3%蔗糖+0.8%琼脂培养基上添加不同浓度的细胞分裂素TDZ，研究单因素对铁皮石斛试管开花的影响（表6-16）。选取高低和长势一致的铁皮石斛无根组培苗接种到不同激素配比的培养基中。

表6-16　TDZ对铁皮石斛试管开花的影响

实验编号	基本培养基	TDZ（毫克/升）
P1	MS	0.05
P2	MS	0.1
P3	MS	0.5
P4	MS	1.0

（2）不同激素组合对铁皮石斛试管开花的影响

以MS培养基作为基本培养基，在MS+3%蔗糖+0.8%琼脂培养基上添加不同浓度的细胞分裂素TDZ、多效唑PP333和生长素NAA，研究复合因素对铁皮石斛试管开花的影响（表6-17），调节培养基pH至6.0。选取高低和长势一致的铁皮石斛无根组培苗接种到不同激素配比的培养基中。

表6-17　TDZ、PP333和NAA组合对铁皮石斛试管开花的影响

实验编号	基本培养基	TDZ（毫克/升）	PP333（毫克/升）	NAA（毫克/升）
Q1	MS	0.5	1.0	—
Q2	MS	0.5	3.0	—
Q3	MS	0.5	5.0	—
Q4	MS	0.5	7.0	—
R1	MS	0.5	5.0	0.05
R2	MS	0.5	5.0	0.1
R3	MS	0.5	5.0	0.5
R4	MS	0.5	5.0	1.0

共设8个处理，每个处理10瓶，每瓶接种3个组培苗，培养时间为90天，观察并统计各个处理的诱导花芽株数、花芽诱导率、诱导总花芽个数以及生长状态等。

6. 数据处理与分析

种子萌发系数=萌发出苗总数/种子外植体总数

污染率（%）=(污染外植体数/接种外植体数)×100%

萌发率（%）=(萌发外植体数/接种外植体数)×100%

增殖率（%）=(诱导增殖外植体数/接种外植体数)×100%

增殖系数=增殖外植体数/接种外植体数

花芽形成率（%）=(形成花芽株数/接种外植体数)×100%

花开放率（%）=(开放花朵数/总花芽数)×100%

实验结果所获得的数据，均采用Excel进行统计分析，用SPSS软件处理数据。

（二）结果与分析

1. 离体植物微景观材料消毒方法的获得

（1）消毒措施对合欢外植体消毒效果的影响

用95%乙醇对合欢荚果表面消毒7分钟，后取出果实接种于MS培养基中，合欢荚果能成功萌发出无菌苗，该处理的污染率为17%、萌发率为83%、萌发系数0.83。结果表明该方法消毒后，对合欢萌发率没有产生影响。继续培养之后，外植体开始生根，无菌苗继续生长。

（2）消毒措施对彩叶草外植体消毒效果的影响

用75%乙醇对彩叶草种子消毒45秒，后取出果实接种于MS培养基中，彩叶草种子能够成功萌发出无菌苗，该处理的污染率为0、萌发率为100%。结果表明该方法消毒后，彩叶草能够成功萌发出无菌苗，萌发率为100%，萌发系数1，存活率为100%。之后继续培养，外植体开始生根，无菌苗继续生长。

（3）小结

本研究得出，获得合欢无菌苗的消毒方法为95%乙醇浸泡合欢荚果表面7分钟，弃去酒精，无菌水冲洗3～5遍；彩叶草的最佳消毒方法为紫外线照射种子20分钟，后用75%酒精浸泡45秒，弃去酒精，无菌水冲洗1～3遍。

合欢属于木本植物，其组培程序一般比草本植物困难，因此选择利于消毒的外植体能大大减少失败率。荣世清等以茎段作为外植体分别采用5%菌毒清、0.1%升汞以及两者结合对合欢进行消毒，存活率很低；张月娇等用厚荚相思萌芽条作为外植体，采用5克/升灭菌净浸泡10分钟+75%酒精30秒+0.1%升汞3分钟对卷荚相思进行消毒，诱导率仅为70%。而本实验以密封的合欢荚果种子作为外植体，只需在超净工作台对荚果表面进行消毒后再取出密闭在荚果内的无菌果实即可，消毒剂只需要95%的酒精，消毒时间也相对较短，因此以具有荚果的果实作为外植体可以减少消毒程序，节约消毒成本，提高外植体的消毒成功率，是一种更经济、便利的获得无菌材料方法。

彩叶草种子较小，表面光滑不易藏进污渍细菌，因此消毒的步骤相对简单。吴中军采用自来水清洗后，用70%酒精浸泡30秒加0.1%HCl消毒2分钟再用无菌水清洗的方法成功获得无菌苗。但该方法较复杂，并且多种试剂共同作用必然对彩叶草的无菌苗生长有影响。而本文所采取的彩叶草消毒方法仅选用75%的酒精一种试剂，消毒时间45秒就成功获得无菌苗，大大减少了消毒时间，节约了试剂的使用，其原因可能是在消毒之前对种子采取20分钟紫外线照射会杀死一部分表面细菌，因此只需再使用75%的酒精短时间消毒即能杀死全部细菌获得无菌苗。

2. 离体植物微景观材料快繁配方的获得

（1）不同激素组合对铁皮石斛增殖的影响

①不同激素组合对铁皮石斛原球茎增殖的影响。在不同激素配比对原球茎增殖的实验中发现，IBA、KT、6-BA在适宜的浓度时对原球茎的增殖起促进作用。处理B4（MS+2.0毫克/升KT+0.5毫克/升IBA）效果最好（图6-11a），原球茎生长情况良好，表现为块状增殖表面疏松，呈深绿色，原球茎增殖倍数达到5倍（表6-18）。加入6-BA与IBA组合的增殖效果不如KT与IBA组合明显，整体虽有增殖但表面致密，呈黄白或黄绿色。

适宜浓度的6-BA与IBA组合能促进原球茎分化。处理A2（MS+1.0毫克/升6-BA+0.5毫克/升IBA）原球茎分化明显，丛生芽达到1.74厘米，为实验结果的最高值，芽长且茎粗（图6-11b），可见当6-BA添加浓度在0.5～1.5毫克/升，IBA浓度为0.5毫克/升时可以有效促进原球茎的分化，促进丛生芽的生长，而同浓度的KT与IBA组合虽能有效促进原球茎增殖但对丛生芽的分化不明显。

表6-18 KT、6-BA与IBA组合对铁皮石斛原球茎增殖的影响

实验编号	增殖程度	平均芽长（厘米）	生长状况
A1	+	1.68	簇生，较疏松，绿色
A2	++	1.74	少量增殖，致密，黄白色
A3	+++	1.65	少量增殖，致密，黄绿色
A4	++	1.26	簇生，较疏松，黄绿色
A5	+	1.18	少量增殖，黄绿色

（续）

实验编号	增殖程度	平均芽长（厘米）	生长状况
B1	＋＋	1.08	簇生，较疏松，黄绿色
B2	＋＋＋	1.46	簇生，较疏松，深绿色
B3	＋＋＋＋	1.12	簇生，较疏松，深绿色
B4	＋＋＋＋＋	1.41	块状增殖，疏松，深绿色
B5	＋	1.10	少量增殖，黄白色

注：由于原球茎呈团状无法计算数据，因此以茎团的大小表示增殖系数。"＋"表示增殖1倍，"＋＋"表示增殖2倍，"＋＋＋"表示增殖3倍，"＋＋＋＋"表示增殖4倍，"＋＋＋＋＋"表示增殖5倍。

结合徐玲、陈自宏等人的实验得知，MS培养基中添加土豆汁对铁皮石斛组培苗的生长有益，因此可以表明：MS＋2.0毫克/升KT＋0.5毫克/升IBA＋5%土豆泥＋3%蔗糖＋0.8%琼脂的培养基适合铁皮石斛原球茎的增殖培养。

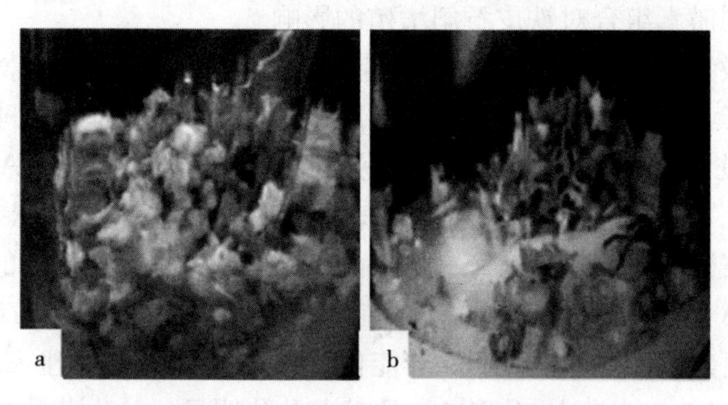

图6-11 铁皮石斛原球茎的增殖

②不同激素组合对铁皮石斛茎段增殖的影响。实验验证了不同浓度的6-BA对铁皮石斛茎段的增殖所产生的影响。结果表明，在添加6-BA的所有处理中，A2（MS＋1.0毫克/升6-BA＋0.5毫克/升IBA）处理铁皮石斛茎段增殖情况最好（表6-19），其增殖系数平均高达2.81，增殖出的芽叶色浓绿、茎段粗壮、长势最好、增殖系数最高；增殖情况最差的是添加2.0毫克/升6-BA的铁皮石斛组培苗，其增殖系数为1.97，增殖出的腋芽叶色嫩绿、茎段纤细、长势较弱。就增殖率的比较看：增殖率最高的是A4（MS＋2.0毫克/升6-BA＋0.5毫克/升IBA）处理，所有外植体都有增殖现象出现；增殖率最低的是A1（MS＋0.5毫克/升6-BA＋0.5毫克/升IBA）处理，其增殖率仅为83.3%。但从铁皮石斛组培苗的增殖系数、增殖率与生长状态的综合比较可得出，A2处理更适合铁皮石斛的增殖培养。

在添加KT的所有处理中，以B5（MS＋2.5毫克/升KT＋0.5毫克/升

IBA）处理增殖情况最好，其增殖系数为2.12，增殖出的腋芽叶色泽翠绿、茎段细长、增殖个数最多、长势最好；增殖情况最差的是B1（MS+0.5毫克/升KT+0.5毫克/升IBA）处理，其增殖系数为1.54，增殖出的腋芽叶色最为嫩绿、茎段纤细、长势最矮、增殖个数最少、长势最弱（图6-12）。

A2（MS+1.0毫克/升6-BA+0.5毫克/升IBA）处理铁皮石斛茎段的增殖率较其他处理存在显著性，且生长状态也优于A1和A3～A5所有处理，因此适合铁皮石斛茎段增殖的最佳培养基配方为MS+1.0毫克/升6-BA+0.5毫克/升IBA+3%蔗糖+0.8%琼脂+5%土豆泥。

表6-19 KT、6-BA与IBA组合对铁皮石斛茎段增殖的影响

实验编号	增殖系数	增殖率（%）	生长状态
A1	2.56ab	83.3	叶片浓绿，芽粗壮，丛生苗较高
A2	2.81a	86.7	叶片浓绿，芽粗壮、长势最旺盛，丛生成团状
A3	2.18bc	93.3	叶片较绿，芽较粗、高，增殖开始减弱
A4	1.97c	100.0	叶黄绿色，芽细高
A5	234b	96.7	叶浓绿，芽粗壮，长势高
B1	1.54d	93.3	叶嫩绿，芽最细且低，增殖能力最弱
B2	1.64d	93.3	叶嫩绿，芽较细，较低
B3	1.78cd	90.0	叶嫩绿，芽细且低
B4	1.92cd	86.7	叶较绿，芽细，低矮
B5	2.12bc	86.7	叶较绿，芽细，成芽团状增殖，有变黄现象

注：采用SPSS分析法，小写字母相同者表示差异不显著，不同者表示差异显著。

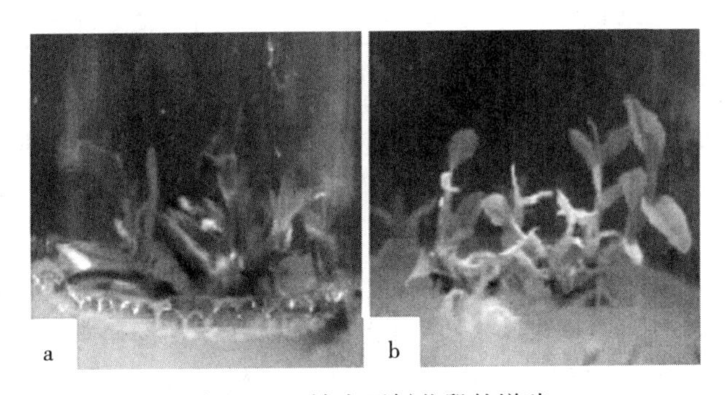

图6-12 铁皮石斛茎段的增殖

（2）不同激素组合对白及增殖的影响

实验验证了不同浓度的6-BA对白及增殖所产生的影响。结果表明，不同浓度的6-BA对白及原球茎的增殖影响不显著。在添加6-BA的E1～E5

处理中，E5（MS+2.5 毫克/升 6 - BA+0.5 毫克/升 IBA）处理的原球茎增殖情况稍好，增殖系数平均达 2.00（表 6 - 20），增殖出的白及芽苗叶色浓绿、长势较好（图 6 - 13a）；增殖情况最差的是添加 E1（MS+0.5 毫克/升 6 - BA+0.5 毫克/升 IBA）处理，原球茎几乎无增殖，增殖出的芽苗叶片卷曲，长势较差且死亡率较高。就增殖率的比较看：在所有添加 6 - BA 的处理中，增殖率最高的是 E4 处理，所有接种的外植体都有增殖现象出现；增殖率最低的是 E1 处理，增殖率仅为 83.3%。综合比较白及原球茎的增殖系数和增殖率可发现，添加 6～BA 的白及原球茎在培养期均出现增殖现象，且随着 6 - BA 浓度的提高，原球茎的增殖系数和增殖率呈现上升趋势，说明 6 - BA 在一定浓度时配合 IBA 的使用能够促进白及原球茎的增殖。

表 6 - 20　KT、6 - BA 与 IBA 组合对白及增殖的影响

实验编号	增殖系数	增殖率（%）	生长状况
E1	1.00d	83.3	长势较差，死亡株数多，增殖不明显
E2	1.00d	86.7	长势较好，有死亡现象，增殖不明显
E3	1.30d	93.3	长势较好，个别植株增殖但增殖不明显
E4	1.67cd	100.0	长势较好，增殖较明显
E5	2.00c	96.7	长势较好，整齐，有较明显增殖
F1	1.67cd	93.3	长势优良，整齐，个别植株有增殖
F2	2.33bc	93.3	长势优良，有较明显增殖
F3	3.70a	98.0	长势优良，所有植株均增殖
F4	3.33ab	86.7	长势优良，增殖明显
F5	3.00b	86.7	长势优良，增殖效果下降

注：本表数据采用 SPSS 分析法算得，小写字母相同者表示差异不显著，不同者表示差异显著。

添加 KT 的所有处理结果均优于添加同等浓度的 6 - BA 处理（表 6 - 20）。F3（MS+1.5 毫克/升 KT+0.5 毫克/升 IBA）处理添加 1.5 毫克/升 KT 的白及原球茎增殖情况最好，增殖系数 3.7 为最高，增殖出的腋芽叶色泽翠绿、茎长、叶片颜色嫩绿，叶片较宽、生长状态最好；增殖情况最差的是 F1（MS+0.5 毫克/升 KT+0.5 毫克/升 IBA）处理，其增殖系数仅为 1.67，增殖出的腋芽叶色较为嫩绿、茎段纤细、叶片细软、增殖个数最少、长势最弱（图 6 - 13）。

赵曼丽等证明在培养基中添加适量的马铃薯粉和香蕉泥能够有效促进白及的增殖和生根壮苗，由 SPSS 数据分析表明，添加 1.5mg/L KT 的 F3 处理的白及原球茎增殖率较其他处理结果显著，且生长状态明显优于其他所有处理。

综合白及生长状况和增殖系数可以得出，白及原球茎增殖的最佳培养基配方为MS+0.5毫克/升IBA+1.5毫克/升KT+3%蔗糖+0.8%琼脂+10%土豆泥+10%香蕉泥。

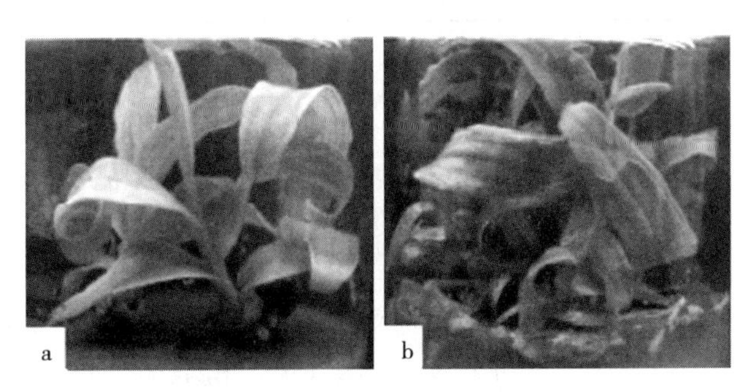

图6-13 白及原球茎的增殖

（3）不同激素组合对月季增殖的影响

月季茎段接种于不同6-BA与NAA配比的芽诱导培养基60天后，对月季组培苗增殖系数和生长状态进行总统计。结果表明，6-BA和NAA组合能够促进月季的增殖培养（表6-21）。当6-BA浓度为1.0毫克/升、NAA为0.1毫克/升时，茎段生长成为组培苗，增殖系数达到最高值6.0，增殖效果最为显著，株高达到所有处理中的最高值，且增殖出来的组培苗叶色嫩绿，色泽健康，没有愈伤组织增生（图6-14）。

图6-14 月季茎段的增殖

6-BA与NAA不同浓度的组合对月季茎段增殖效果不同：在6-BA与NAA比值为10∶1的G5（MS+1.0毫克/升6-BA+0.5毫克/升IBA）处理中，增殖系数达到最大，当比值大于10∶1时，增殖效果开始下降且出现愈伤组织，其中G4（MS+2.5毫克/升6-BA+0.05毫克/升IBA）处理的增殖效果最差，增殖系数3.75，增殖出的组培苗植株低矮，叶片呈不健康的深绿色，且有褐化死亡现象，综合月季组培苗的生长状况与增殖系数结果可得出，用于月季茎段增殖的最佳培养基配方为 MS＋1.0 毫克/升 6－BA＋0.1 毫克/升 NAA＋3%蔗糖＋0.8%琼脂。

表 6－21　6－BA 与 NAA 组合对月季增殖的影响

实验编号	6－BA（毫克/升）	NAA（毫克/升）	增殖系数	生长状态
G1	1.0	0.05	4.65b	株高最低，叶片深绿，畸形，有愈伤
G2	1.5	0.05	4.50bc	株高较低，叶片深绿，少量愈伤
G3	2.0	0.05	4.35c	株高较低，叶片深绿，愈伤多
G4	2.5	0.05	3.75d	株高较低，叶片卷曲不健康
G5	1.0	0.1	6.00a	株高较高，叶片嫩绿健康，无愈伤
G6	1.5	0.1	4.65b	株高较高，叶片嫩绿健康，少量愈伤
G7	2.0	0.1	4.50bc	株高较高，叶片较绿，有愈伤
G8	2.5	0.1	4.25cd	株高较低，叶片深绿，有愈伤

注：本表数据采用 SPSS 分析法算得，小写字母相同者表示差异不显著，不同者表示差异显著。

（4）不同激素组合对合欢增殖的影响

不同激素的浓度组合对合欢外植体的增殖和生长状态影响不同：合欢茎段在 H1～H8 的所有处理中均呈现增殖现象（表 6－22）。在添加了 6－BA 与 IBA 不同浓度组合的 4 个处理中，H3（MS＋1.5 毫克/升 6－BA＋0.3 毫克/升 IBA）处理效果显著，增殖系数最高达 4.03，增殖率 100%，增殖出来的组培苗生长状态良好，叶色嫩绿健康，分化出的愈伤组织较少，统计结果显示，增殖系数随着 6－BA 与 IBA 比值变化而不同，当 6－BA 与 IBA 比值为 5∶1 时，生长状态最好（图 6－15a），6－BA∶IBA＞5∶1 时，增殖系数明显降低；比值＜5∶1 时，增殖系数减小，且越小其愈伤组织越多，增殖出来的组培苗越纤细，叶色深绿且有黄化（图 6－15b）。

图 6－15　合欢茎段的增殖

添加了 KT 与 IBA 不同浓度组合的 H5～H8 处理结果相对 H1～H4 效果

不明显，增殖效果最好的是 H7（MS＋1.5 毫克/升 KT＋0.3 毫克/升 IBA）处理，增殖系数为 3.76，但是增殖出来的植株生长状况不如 H3 处理，叶片黄化，愈伤较多。

综合本实验统计结果可得到合欢增殖的最佳配方为 MS＋1.5 毫克/升 6－BA＋0.3 毫克/升 IBA＋3%蔗糖＋0.8%琼脂。

表 6－22　6－BA、KT 与 IBA 组合对合欢增殖的影响

实验编号	外植体数（个）	增殖系数	增值率（%）	生长状态
H1	30	3.00bc	99	叶色深绿，愈伤严重
H2	30	3.33b	77	叶色嫩绿，愈伤严重
H3	30	4.03a	100	叶色嫩绿，愈伤少，增殖最多
H4	30	2.30d	70	叶色较绿，愈伤较多
H5	30	2.70c	81	叶色嫩绿，愈伤多
H6	30	2.46cd	91	叶色嫩绿，愈伤较多
H7	30	3.76a	97	叶片卷曲浅绿，愈伤多
H8	30	2.87c	84	叶片浅绿，愈伤严重

（5）不同激素组合对百合增殖的影响

细胞分裂素 6－BA 和 KT 配合生长素 IBA 的使用对百合鳞茎的增殖与生长状态有很大的影响。当 IBA 浓度固定为 0.3 毫克/升时，随着细胞分裂素浓度的增加，鳞茎芽的增殖倍数均呈现出先上升后下降的趋势（表 6－23）。

表 6－23　6－BA、KT 与 IBA 组合对百合增殖的影响

实验编号	增殖系数	增殖率（%）	生长状态
K1	3.10bc	99	好，芽短小，芽色浅绿
K2	3.37b	77	好，丛生，芽色浅绿
K3	4.13a	100	最好，丛生，芽色浅绿，增殖最多
K4	2.27c	70	较好，叶片细长嫩绿
K5	2.73c	81	较好，叶片细长嫩绿
K6	3.53b	91	好，叶片宽且绿，增殖多
K7	2.97bc	97	较好，叶片细长嫩绿
K8	2.30c	84	较好，叶片细长嫩绿

统计结果表明，在相同浓度 IBA 基础上，6－BA 或 KT 浓度在 1.0～1.5 毫克/升，芽增殖倍数高，生长健壮，其中 K3（MS＋1.5 毫克/升 6－BA＋0.3 毫克/升 IBA）处理的增殖系数达最高 4.13（图 6－16）。在 IBA 浓度不变

的情况下，随着6－BA或KT浓度的继续增加，新增芽数降低，且幼苗质量下降。由此可见，适宜浓度的细胞分裂素对于芽增殖较为合适，而6－BA或KT浓度过低（<1.0mg/L）或过高（>1.5mg/L）则不利于芽增殖，芽的生长也缓慢。与KT相比，6－BA对芽的增殖起重要作用，就相同部位的外植体而言，添加6－BA的芽增殖倍数高于添加同一浓度KT的芽增殖倍数。但从芽苗的长势来看，6－BA处理的苗多数丛生矮化，而添加KT的所有处理增殖苗较高壮，长势整齐，叶较多且色绿，K6（MS＋1.0毫克/升KT＋0.3毫克/升IBA）处理中，假鳞茎增殖系数达3.53，增殖出的叶片较绿，苗较高（图6－16）。

实验结果反映了6－BA和KT这两种细胞分裂素对百合芽增殖和苗生长的作用不同，就增殖效果而言，本实验得出适于百合鳞茎增殖的最佳配方为MS＋1.5毫克/升6－BA＋0.3毫克/升IBA＋3%蔗糖＋0.8%琼脂。

图6－16　百合假鳞茎的增殖

（6）不同激素组合对彩叶草增殖的影响

在添加了不同组合激素的MS培养基上生长了45天后，对彩叶草增殖状况进行统计（表6－24）。可以看出，当IBA浓度固定为0.1毫克/升时，添加6－BA处理的L1～L4处理均呈现增殖，其中添加了1.0毫克/升的L2处理增殖系数最高，为4.73，叶片色泽亮丽，无愈伤组织（图6－13a），但是L1（0.5毫克/升6－BA）、L3（1.5毫克/升6－BA）、L4（2.0毫克/升6－BA）处理的芽苗均出现玻璃化现象，且叶片生长畸形，大部分未能正常形成组培苗；在添加了KT的L5～L8处理中，增殖出的绝大部分芽苗同样出现玻璃化和畸形生长现象，虽添加L6（1.0毫克/升KT＋0.1毫克/升IBA）处理较L5（0.5毫克/升KT＋0.1毫克/升IBA）、L7（1.5毫克/升KT＋0.1毫克/升IBA）、L8（2.0毫克/升KT＋0.1毫克/升IBA）处理增殖系数高（2.87），但是增殖出的丛生苗枝条细长无力，茎纤白化较多，叶片卷曲，彩色叶片褪色严重，且玻璃化现象严重（图6－17b），因此，细胞分裂素KT与生长素IBA

的组合，并不适合彩叶草的增殖培养。

综上所述，本实验得出彩叶草的最佳增殖培养基配方为 MS+1.0 毫克/升 6-BA+0.1 毫克/升 IBA+3%蔗糖+0.8%琼脂（图 6-17）。

表 6-24 6-BA、KT 与 IBA 组合对彩叶草增殖的影响

实验编号	增殖系数	增殖率（%）	增殖系数	生长状态
L1	3.00b	100	3.00b	较好，有轻微玻璃化苗
L2	4.73a	100	3.73a	最好，无玻璃化苗
L3	2.10cd	67	2.10cd	较差，有玻璃化苗
L4	1.33d	51	1.33d	差，丛生苗严重玻璃化
L5	2.16c	83	2.16c	较差，玻璃化苗较多
L6	2.87bc	91	2.87bc	较好，玻璃化苗较多
L7	1.43d	70	1.43d	差，玻璃化苗较多
L8	1.27d	54	1.27d	差，玻璃化苗多

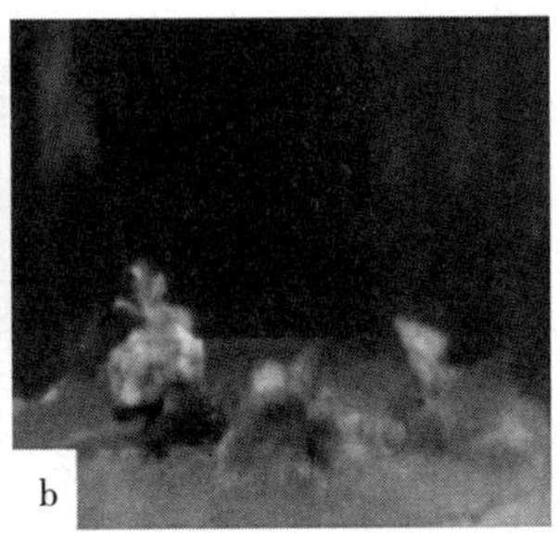

图 6-17 彩叶草茎段的增殖

参 考 文 献

常恒星，2022. 一种“即刻成景”月季花篱园艺产品的研发及关键技术探究［D］. 南阳：南阳师范学院.

陈静，陈芸，阿布都艾尼，等，2021. 月季插穗不定根起始的转录组分析和关键基因筛选［J］. 华南师范大学学报（自然科学版），53（3）：54-63.

陈琦，2021. 月季及其在园林绿化中的应用［J］. 现代农业科技（15）：154-156.

陈已任，2017. 月季耐逆分子育种研究［M］. 北京：中国林业出版社.

程彬，陈亚林，杨帆，等，2021. 月季常见病虫害管理技术［J］. 吉林林业科技，50（6）：46-48.

崔向东，2021. 七类月季品种的修剪技术［J］. 河北林业（7）：32-34.

兑宝峰，2022. 月季盆栽的养护［J］. 花木盆景（花卉园艺）（6）：22-27.

兑宝峰，2022. 郑州市月季公园景观［J］. 花木盆景（花卉园艺）（7）：90.

冯春久，曹国宏，曹怡然，2021. 月季花开产业红：南阳市高质量发展月季产业综述［J］. 农村·农业·农民（A版）（10）：6-8.

高秀丽，2022. 优质品种月季扦插繁育技术［J］. 农技服务，39（4）：71-72.

高雅琳，2021. 月季在昌吉园林绿化中的养护管理技术及其白粉病的防治［J］. 农业与技术，41（12）：135-137.

郭凤鸣，2021. 切花月季大棚优质高效栽培技术［J］. 云南农业科技（3）：38-41.

郭志刚，2001. 花卉生产技术原理及其应用丛书：月季［M］. 北京：清华大学出版社.

何艳燕，王奕雯，毛纯，等，2022. 月季及其栽培管理技术探究［J］. 现代园艺，45（1）：56-58.

黄婧，孙海楠，李飞，等，2021. 5个月季品种观赏性状分析与评价［J］. 江苏林业科技，48（3）：1-4.

江梅，2021. 抗寒月季在北方园林绿化中栽培与应用探讨［J］. 现代园艺，44（18）：29-31.

焦晓琳，2018. 离体植物微景观微型月季产品的研发［D］. 南阳：南阳师范学院.

旷一明，宋政儒，唐丽，2022. 现代月季的观赏特性及园林应用初探［J］. 绿色科技，24（7）：26-29，36.

李茂福，杨媛，王华，等，2022. 月季自交不亲和性 S-RNase 的鉴定与分析［J］. 园艺，49（1）：157-165.

李晓亮，王文智，杨世先，等，2021. 月季杂交种子萌发影响因素研究［J］. 贵州农业科学，49（11）：91-96.

梁静萍，谭鼎鼎，刘扬，等，2022. 热带地区月季黑斑病抗性调查及化学防治［J］. 特种经济动植物，25（8）：33－36.
林星，吴建宇，2022. 浅谈盆栽月季栽培管理技术［J］. 园艺与种苗，42（1）：42－43，47.
刘芳，2021. 树状月季砧木的快速培育技术［J］. 花木盆景（花卉园艺）（7）：60－63.
刘汶芮，王桂清，2021. 观赏植物月季常见病害的发生及治理［J］. 农业科技与装备（4）：15－17.
刘扬，李宏杨，许惠秋，等，2022. 月季粉扇离体快繁技术研究［J］. 热带农业科学，42（1）：37－42.
刘玉，刘聚栋，2021. 月季在园林布景中的应用［J］. 乡村科技，12（24）：106－107.
柳琴，2022. 月季曾有万里游［J］. 中国民族博览（9）：36－42.
陆菲，2022. 月季常见病虫害管理对策探讨［J］. 种子科技，40（13）：75－77.
孟庆海，2014. 月季栽培养护月历及名品鉴赏［M］. 北京：中国林业出版社.
苗卫东，高换超，李俊涛，等，2021. 月季无菌材料的获得及不定芽的诱导［J］. 江苏农业科学，49（18）：48－53.
任杰，林榕榕，王燕，等，2021. 丰花月季杏花村组培快繁条件筛选［J］. 热带农业科学，41（10）：66－72.
宋光桃，付美云，张惠颖，等，2021. 5种植物内生菌的分离及其拮抗月季黑斑病菌的筛选［J］. 湖南生态科学学报，8（4）：59－64.
宋伟，2022. 树状月季的栽培管理及园林应用［J］. 农业科技与信息（8）：66－69.
苏克锋，李合伟，高磊，等，2022. 干旱胁迫对两种树状月季光合特性及茎流的影响［J］. 北方园艺（9）：73－79.
唐敏，程静，许雁祥，等，2021. 水杨酸诱导的月季对甜菜夜蛾的抗性及机理研究［J］. 西南林业大学学报（自然科学），41（4）：86－92.
王慧娟，2022. 月季立体花架园艺产品的研发及关键技术探究［D］. 南阳：南阳师范学院.
王靖文，冯彬，陈昕宇，2022. 高架月季盆栽规模化养护技术［J］. 现代园艺，45（5）：73－75.
王立林，尉雪英，李小燕，2021. 北方冬季裸根种植月季如何提高成活率［J］. 现代农村科技（7）：39.
王丽，吴闯，李翔，等，2022. 基于月季蜡叶标本颜色量化研究的方法探讨［J］. 上海医药，43（17）：77－79.
王彦华，王芳，2021. 城市环境中月季花期调控现状及对策［J］. 现代农村科技（6）：64.
王浙吉，2022. 月季常见病虫害防治技术［J］. 特种经济动植物，25（7）：110－112.
温佳辛，王超林，冯慧，等，2021. 月季花色研究进展［J］. 园艺学报，48（10）：2044－2056.
文佳慧，张大运，张珈瑞，等，2022. 耐寒月季扦插繁殖技术研究［J］. 农村经济与科技，33（15）：67－69.
翁惠琴，吕晓亮，盛桂林，等，2022. 月季二斑叶螨的防治药剂筛选与应用［J］. 现代农药，21（4）：70－72.

吴国琴，2022. 月季在园林绿化中的应用 [J]. 现代园艺，45 (11)：55 - 57.

武鸿源，2021. 北方园林绿化养护中月季的栽植探讨 [J]. 现代园艺，44 (11)：72 - 73.

谢安德，尹冬勋，侯文韬，等，2022. 藤本月季繁殖技术在国内的研究进展 [J]. 现代园艺，45 (15)：9 - 11，15.

杨飒，马丹丹，张翼飞，等，2022. 南阳月季特色产业的发展对策与探讨 [J]. 河南林业科技，42 (1)：39 - 41，44.

源朝政，郑明燕，高小峰，等，2022. 月季白粉病及抗性、防治研究进展 [J]. 天津农业科学，28 (2)：69 - 72.

张东旭，刘天生，2021. 月季抗寒性研究综述 [J]. 种子科技，39 (16)：7 - 8.

张海兵，张阁，钟玉华，等，2021. 切花月季岩棉苗性状评价及切花品质比较 [J]. 农业科学研究，42 (2)：44 - 49.

张晓波，2022. 月季抗寒性研究进展 [J]. 辽宁农业科学 (2)：63 - 66.

赵丽达，马誉，王圣，等，2022. 适合离体微景观月季品种的筛选及应用 [J]. 南阳师范学院学报，21 (1)：43 - 50.

郑亚明，周荣，2021. 天水月季生态园建设探究 [J]. 农业科技与信息 (21)：67 - 68.

朱逢玲，2018. 几种微景观植物的快繁及微型化处理研究 [D]. 南阳：南阳师范学院.